U0226368

企业环境责任

战略认知的视角

侯明君◎著

FROM THE STRATEGIC COGNITION PERSPECTIVE

经济管理出版社

ECONOMY & MANAGEMENT PUBLISHING HOUSE

图书在版编目（CIP）数据

企业环境责任：战略认知的视角/侯明君著．—北京：经济管理出版社，2022.8
ISBN 978-7-5096-8683-6

Ⅰ.①企… Ⅱ.①侯… Ⅲ.①企业环境管理—企业责任—研究—中国 Ⅳ.①X322.2

中国版本图书馆 CIP 数据核字（2022）第 152775 号

组稿编辑：魏晨红
责任编辑：魏晨红
责任印制：黄章平
责任校对：蔡晓臻

出版发行：经济管理出版社
　　　　　（北京市海淀区北蜂窝 8 号中雅大厦 A 座 11 层　100038）
网　　址：www.E-mp.com.cn
电　　话：（010）51915602
印　　刷：北京市海淀区唐家岭福利印刷厂
经　　销：新华书店
开　　本：720mm×1000mm/16
印　　张：13.5
字　　数：235 千字
版　　次：2023 年 3 月第 1 版　　2023 年 3 月第 1 次印刷
书　　号：ISBN 978-7-5096-8683-6
定　　价：68.00 元

前　言

在环境问题日益严峻的背景下，我国公民的生态文明意识不断提高，企业的绿色转型迫在眉睫。我国企业作为经济主体，正面临发展经济与保护环境的两难困境，这一问题也引起了政界、商界与学界的高度关注。与西方发达国家相比，我国企业普遍存在绿色观念转变迟滞、环境管理资源匮乏、绿色创新能力有待提高等问题。这些问题进一步加剧了企业环境责任和财务绩效之间的悖论张力，严重制约了企业践行环境责任的步伐。那么，企业如何在追逐经济价值的同时兼顾环境责任？

经济转型升级的背景下，本书围绕企业环境责任的动因展开研究，探究了"悖论认知—内外部机会识别—企业环境责任"的影响路径。本书的创新性和贡献主要体现在以下几个方面：

（1）发现了企业环境责任和财务绩效之间存在相互矛盾且共生依赖的悖论关系，有助于解释以往基于制度理论或利益相关者理论的研究对企业践行环境责任动因不一致的原因。一方面，企业环境责任和财务绩效之间的矛盾张力会阻碍企业践行环境责任，只有强制性的惩罚制度才能促使企业承担环境责任；另一方面，企业环境责任和财务绩效之间的共生依赖关系表明，企业践行环境责任可获得与利益相关者的良好关系和提高合法性地位，这一战略动机是促使企业践行环境责任的驱动因素。这一发现为企业环境责任的前因变量研究提供了新的理论视角，为论证悖论认知对企业环境责任的直接作用提供了基本依据。

（2）从战略认知的视角揭示了悖论认知对企业环境责任的影响机理，论证了内外部机会识别在上述影响中所发挥的中介作用。首先，阐明了悖论认知对政策机会识别（外部机会识别）和技术升级（内部机会识别）的影响，悖论认知引导企业扫描和收集与环境责任相关的信息，识别和理解相关信息的过程可以促进企业进行政策机会识别和技术升级。其次，揭示了内外部机会识别对企业环境责任的促进作用，发掘了提高企业环境责任的有效途径，证实了认知框架和认知过程对组织行为的重要影响，而且明晰了悖论认知影响企业环境责任的内在路径，拓展了战略认知理论在悖论认知、机会识别和企业环境责任领域的应用。

（3）针对机会识别的不同路径，研究发现政策机会识别和技术升级对企业环境责任存在显著的正向影响，企业可通过政策机会识别和技术升级两种途径来提高企业环境责任。验证了战略形成过程对企业环境责任的积极效应，弥补了以往对企业环境责任前因的研究只关注外部制度和内部动机的不足。

（4）在分析内外部机会识别对企业环境责任的影响时，揭示了制度环境和市场环境的权变影响，提出并界定了制度因素（恶性竞争、制度缺失）和市场因素（竞争强度），验证了上述因素在机会识别和企业环境责任关系中的调节效应，探明了在不同情境下内外部机会识别对企业环境责任的影响。研究发现，在恶性竞争环境下，政策机会识别对企业环境责任的正向影响增强；在制度缺失环境下，政策机会识别对企业环境责任的正向影响减弱，技术升级对企业环境责任的正向影响增强；市场竞争强度越大，政策机会识别对企业环境责任的正向影响越强，技术升级对企业环境责任的正向影响越弱。从制度基础观的视角诠释了政策机会识别和技术升级对企业环境责任的效应，丰富了对在不同情境下机会识别的影响研究。

目 录

1

绪论

改革开放以来，各行各业迅猛发展，尤其是制造业的壮大极大地推动了中国经济的高速增长。然而，在经济发展的同时，环境污染问题日益严重。空气质量恶化、水土质量下降等生态环境的破坏已严重影响我国民众的生活。在拥有一定物质条件的基础上，大家对健康与环保的需求更加迫切，空气质量、食物安全、健康水源等已成为民众关注的焦点。在此背景下，整个社会对企业的要求已不仅停留在经济层面，同时也要求企业应充分考虑环境与生态平衡等问题。

我国政府高度重视生态文明建设，在党的十九大报告中强调了生态保护对我国发展的重要性，肯定了节能环保对经济长期发展的积极影响。2016 年 11 月，我国全面实施《"十三五"生态环境保护规划》，加快生态文明建设。2018 年，《中华人民共和国环境保护税法》正式实施，进一步明确了企业在环境保护方面的责任与使命。虽然大家都已认识到环境保护对于建设和谐社会的重要性，但如何处理好经济发展与环境保护之间的关系仍是社会与学界共同关注的问题（Linnanen，2009；Sumathi 等，2014）。

在民众与政府的压力下，越来越多的企业开始考虑可持续发展问题，并主动迎接环保挑战（Gliedt 和 Parker，2007）。美国前财长亨利·保尔森（Henry M. Paulson）指出，目前全球的企业高管已充分认识到环境责任作为战略行为对降低企业成本、提高资源利用率等方面具有积极影响。重视环境保护、坚持可持续发展战略的企业数量正在不断增长，传统的生产制造型企业也正积极地进行绿色转型，尽量减少企业对环境的负面影响，并努力改善当地的生态环境。大量实践表明，企业通过环保策略，可以有效平衡商业目标与环境管理之间的关系（Hockerts 和 Wüstenhagen，2010）。

但是，处于转型经济背景下的我国企业，其践行环境责任的程度往往取决于企业本身对环境责任的理解。有的企业认为社会责任就是促进社会经济发展，在环境方面遵守法律法规的底线；有的企业则清楚认识到践行环境责任对企业竞争优势具有积极影响，这类企业会通过开展环境责任活动绿化内部管理，赢得社会公信，提升品牌声誉，获得政府、社区、企业等关系资源，进而提高企业竞争力。全球化企业往往拥有长远视野，了解气候和能源市场的长期走势，主动投资绿色技术，开发绿色项目，寻求环境问题的解决方案，引领行业绿色转型，最终实现环境、企业与社会的"三赢"状态。通过与行业机构、可持续发展机构和跨领域机构开展合作，共享绿色技术知识，为全球环境的改善贡献力量。因此，正确认识现阶段企业环境责任和经济责任之间的关系，对经济、社会、环境的全面可持续发展都是十分必要的。

　　综上所述，可持续发展战略要求企业必须全面认识环境责任和财务绩效之间相互矛盾且相互依存的悖论关系，并在平衡经济目标和生态目标时发挥积极作用（Hockerts 和 Wüstenhagen，2010）。若企业能处理好环境责任和经济责任之间的悖论张力，从中挖掘机会与潜力，则有利于企业绿色战略目标的实现。无论是从外部环境还是从内部管理考虑，企业对上述悖论的认知都会影响企业战略行为。例如，在外部环境方面，政府为控制污染，一方面通过制定环境税、信贷标准、罚款等手段制约企业的污染行为，另一方面通过排放权交易、排污许可证交易等市场经济激励手段，鼓励企业进行绿色创新并积极采用清洁技术。因此，部分企业在捕捉到上述政策环境机会时，往往更偏好实施绿色战略。此外，在企业内部环境方面，内部资源的稀缺性导致环境目标与经济目标之间存在对立关系。若企业主动学习绿色知识、研发绿色技术，开展内部绿色创新，则有利于缓解企业经济目标和环境责任之间的张力，实现企业环境绩效和财务绩效的协同发展。虽然我国企业在当前的背景下理应积极履行环境责任，但是仍有部分企业熟视无睹，大胆排污。那么，企业究竟是如何考虑这一悖论的？现有研究尚不够充分，值得进一步思考。

　　在此背景下，本书认为有必要从新的理论视角探究企业环境责任的本质，并将企业悖论认知作为前置因素，分析二者之间的联系与作用机制。本书将基于悖论管理理论，采用我国企业调研数据，着重探讨以下问题：①企业悖论认知如何影响环境责任？②企业悖论认知如何影响机会识别？③机会识别是否在企业悖论认知和环境责任关系之间起中介作用？④制度因素和市场因素如何调节企业机会识别对环境责任的影响作用？通过对这些问题的分析，有利于企业全面、正确地认识环境责任在战略管理中的重要性，并深入了解企业践行环境责任的动因及其促进企业践行环境责任的作用机制，为企业绿色实践的决策与实施提供理论指导。

1.1 研究的现实背景

1.1.1 企业践行环境责任的必要性

1.1.1.1 外部环境要求企业践行环境责任

雾霾、水污染等环境问题早已受到各利益相关者的关注。消费者开始偏好绿色产品、倡导绿色消费；供应商开始选择有社会责任的下游企业开展合作；雇员往往选择有良好社会声誉的绿色企业，并与之共同回馈社会；股东也希望公司能够拥有良好的绿色形象，并能够产生长期且持续不断的利润。作为社会经济发展的主体，企业为社会提供产品与服务、创造就业、拉动经济，但是企业经营的目标绝非股东利益最大化，还应同时满足政府、雇员、社区、供应商、消费者等多方利益相关者的要求。在新背景下，外部环境对企业的环境责任也提出了新要求。

首先，政府、媒体、社会环保组织等要求企业承担环境责任。近年来，党中央、国务院高度重视生态环境保护工作，已将可持续发展列为国家战略要务，努力平衡并引导经济发展和环境保护的关系。通过加大资源投入、培养环保理念等措施，全面推进环境保护政策。目前，我国自然生态环境已得到了明显改善，能耗水平大幅下降，各类污染物排放得到有效控制。"十三五"时期，经济社会发展不平衡、不协调、不可持续的问题仍然存在。在《国务院关于印发"十三五"节能减排综合工作方案的通知》中，明确了政府的主导地位和企业的主体地位，通过政府部门对节能环保法律法规和标准的严格执行，正确引导企业走上节能减排的可持续发展道路。例如，中国环境保护集团的成都市祥福生活垃圾焚烧发电项目，日处理城市生活垃圾 1800 吨，并利用焚烧余热建设环保洗涤园区，服务成都 80 多家星级酒店，在服务社会的同时创造经济效益。国务院国有资产监督管理委员会对该公司的环保行为给予了高度评价，认可其在履行政治责任、经济责任以及环保责任方面的表率作用。

除了政府对企业环境责任的监管和引导，媒体作为信息传播的重要手段，也极大地影响了企业的运营和发展。随着数字技术、网络与移动技术的发展，多形式、全天候、海量信息的新媒体得到了高速发展。在媒体报道企业履行环境责任情况的同时，那些违规用能、过度排污的企业行为将无所遁形。此外，社会环保组织对企业环境责任也起到了监督作用。作为参与环境保护的核心力量，社会环保组织会参与政策制定与实施、监督企业环境行为、促进环保国际交流合作，是连接政府、企业和公众之间的桥梁。在政府、媒体与社会环保机构的监督和引导下，我国企业需树立正确观念，促进经济社会协调发展，为建立环境友好型、资源节约型社会贡献力量。

其次，消费者与公众要求企业履行环境责任。目前，人类对自然资源的消耗速度已超出了自然资源的再生速度，企业的生产运营在影响自然环境状况的同时也正影响着人类的生存空间，企业对自然资源的过度使用及超标排放已严重威胁了人们的身体健康和日常生活。随着经济的发展和人们生活水平的提高，节能减排、环保选购、分类回收、重复使用等环保观念已深入人心。人们消费的生态需求大幅度提升，市场上对绿色产品和服务的需求也随之增加，越来越多的消费者愿意选择天然、无污染、对公众健康有利的环保产品。这类绿色消费不仅是环保的要求，也是人类本性的需求。消费经济学认为，人们的消费需求不仅包括物质需求与精神需求，还包括生态需求。在市场经济条件下，环境标准过低的产品或在生产销售过程中造成环境污染的企业将无法满足市场需要，最终被市场淘汰。因此，大量企业开始考虑公众与消费者的环保需求。例如，阿里巴巴宣布将在运营过程中大幅降低废弃物排放，并承诺将阿里巴巴电商平台包裹的绿色化提高至 50%。

最后，社会的和谐发展要求企业承担环境责任。我国传统企业的价值观是追逐利润最大化，而后通过财富积累与科技进步来解决环境污染问题。这类先发展后治理的观点曾一度成为中国企业的发展思路。然而，只有在经历不可逆的环境破坏后，企业才意识到环境问题已成为制约社会和谐发展的主要"瓶颈"。企业对自然生态平衡有无法逃避的责任，在接受自然资源的供给、享受自然恩赐的同时，必须承担保护自然、维护生态平衡的义务。2011 年，公众环境研究中心等环保组织发布的《蓝天路线图——中国大气污染源定位报告》显示，我国PM2.5的主要来源是煤炭与汽油的燃烧产生的工业废气，涉及电力、钢铁、石油化工等行业。企业在追求经济发展的同时，必须要兼顾环境与资源问题，处理好社会与自然的依赖关系、经济与环境的平衡发展，坚持走技术创新、节能减排的可持续发展道路，才能与环境和谐相处、协调发展。

1.1.1.2 企业内部发展要求其践行环境责任

除了外部因素要求企业承担环境责任外，企业环境责任的履行也受到了内部因素的驱动。美国前财长亨利·保尔森认为，投资绿色技术能让企业在当今的商业环境中，尤其是在充满不确定的中国市场拥有足够的竞争力。企业践行环境责任与创造经济利润并不矛盾，可通过环境管理实现自然、企业与消费者的"三赢"（Su等，2016）。

第一，生产运营的成本压力要求企业践行环境责任。原材料价格的不断上涨迫使企业通过优化生产效率、提高资源利用率来提高企业竞争优势和绩效水平。企业从事节约能源和提高能源利用率、资源回收利用、排放热能再利用等环境管理活动，有助于提高资源能源利用率、降低生产成本。万科企业股份有限公司（以下简称万科）作为中国地产界的龙头企业，利用规模化、集约化的建筑方式，不但有效降低了水、电、木材等资源的消耗，降低了生产经营成本，也减少了建筑垃圾、污水、扬尘等污染。同时，万科还倡导绿色办公，推广LED灯的应用，内外部同时推进节能减排工作，成为践行绿色低碳发展战略的优秀案例。另外，对于进行生产绿色化转型的企业，政府给予财税政策的支持，也为企业的绿色投入提供了经济补偿，尤其是对资金不足的企业提供了财务支持，整体上降低了企业的运营成本。企业既可以优先获得国家提供的土地资源和政府采购，还可以获得国家针对绿色项目提供的专项贷款、获得政府对于绿色创新项目的补贴和奖励等。"十三五"时期，绿色金融和绿色信贷得到了进一步完善。企业可通过发行绿色债券从金融市场获取资金支持，从而促进绿色实践活动的开展。企业将环境管理纳入发展战略，不仅满足了国家与社会对环保的要求，而且还能通过提升管理效率与技术效率来降低经营成本、提高经济效益，实现企业绿色生产和持续经营的良性循环。

第二，绿色技术壁垒要求企业践行环境责任。随着我国对环境保护和节能减排工作的重视，环境质量、污染物排放、环境监测方法等相关标准的提升，严格的行业规范、准入门槛与节能审查都对企业绿色技术提出了新的要求。对于跨国企业而言，国际标准和绿色壁垒成为中国企业走出国门的主要障碍，如果产品质量和生产要求无法满足企业出口国家或地区的要求，就会被国际市场淘汰。因此，企业进行环境管理活动的同时，还必须提升自身绿色技术。科技部、发改委积极建设减排技术评估体系和科技创新创业综合服务平台，并努力完善环保技术和产品的检测认证服务机制，为企业绿色技术的提升创造了孵化条件。对于绿色创新型企业，政府会提供优惠政策和激励制度。企业响应国家的绿色号召，组建节能减排产业技术创新联盟，通过对节约能源、可再生原料替代、清洁生产、污染处理等绿色技术进行共同投资研发，可提高绿色技术水平，建立绿色创新优势。

第三，企业形象和声誉要求其践行环境责任。企业的公众形象及社会声誉是独特的无形资产，是企业经过长期积累产生的一种难以替代的隐形财富。企业对形象和声誉的需求正积极促进自身的绿色转型并推动整个绿色市场的发展。全球领先企业已纷纷将环境管理纳入企业发展战略，以维持并提升公众形象。例如，苹果公司将环保理念扎根于整个生产运营过程中，采用完全可再生能源供电，并在中国建立了太阳能发电生态系统。2017年，苹果公司排放二氧化碳当量2750万吨，比2016年减少了200万吨。此外，还鼓励制造商使用可再生能源。当世界越来越朝着绿色化商业方向发展时，如果企业不进行节约能耗和降排减废等环境管理活动，一味地为了企业利润而不惜破坏生态环境的行为，必然会受到消费者和公众的反感和斥责，引发的企业负面形象和不良声誉将直接影响企业的运营和发展。

第四，企业的可持续发展战略要求企业践行环境责任。企业环境责任不仅是环境和社会赋予企业的职责，而且也是企业可持续发展的内在要求。在中国转型经济背景下，企业需要摒弃生产论的思维模式，将企业战略发展目标和生态与社会的可持续发展相结合。只有将环境责任提升到组织战略的高度，才能使企业发展顺应社会发展与市场规律，实现企业特有的竞争优势。企业践行环境责任，有利于协调企业追求经济利益和社会整体利益之间的关系；有利于维持和优化企业和政府、社区以及利益相关者之间的关系；有利于企业增强合法性地位、社会影响力和竞争力；有利于赢得消费者的认可、社会公共信任和良好的品牌声誉。同时，那些乐于践行环境责任的企业，更容易获得投资者的关注和青睐，环境绩效将会给企业和投资者带来重要价值，是投资决策评价体系中不可或缺的评价要素（Su等，2016）。

1.1.2　中国企业践行环境责任存在的问题及挑战

尽管绿色技术与解决方案能够帮助企业在当今的商业环境中形成独特的竞争力，但是中国企业践行环境责任仍面临重重障碍。学术界研究普遍认为，企业环境责任尤其是战略性环境责任能够帮助企业实现可持续发展目标，促进现代社会和谐发展。在实践中，我国环境政策正在发生积极的、根本性的变化，每年投资约 2000 亿元用于环境保护。然而，从全国范围来看，各地的环境事件仍频繁发生。尽管中国企业参与环保活动的数量和程度逐年增加，但与全球竞争性企业相比仍相去甚远，在践行环境责任方面进展缓慢。

第一，企业对环境责任的认知尚不清晰。随着中国经济的发展，企业对于在社会中扮演怎样的角色存在不同的看法，特别是在经济发展和环境保护中承担的责任直接影响企业环保意识。一些企业秉持"先发展，后治理"的理念，认为绿色实践会制约企业经济发展，在二者的竞争矛盾中，企业不得不以牺牲环境为代价获取经济利益。甚至个别地方政府也会为了当地的经济利益而忽视企业对环境保护的重视。一项针对我国企业家群体的调查研究显示，近四成受访企业家表示对环境治理并不关心。[①] 还有企业意识到环境污染和生态破坏会导致自然资源短缺，反而与企业发展的初衷背道而驰，因此环境治理迫在眉睫。然而，尽管很多企业具有较强的环保意识，但对如何实现经济和环境协调发展存在困惑，践行环境责任举步维艰。由此可见，企业环境责任和经济利益之间并非简单的矛盾关系或互补关系。缺乏对经济和环境关系的整体认知，很难从根本上提升企业环境责任。

第二，企业践行环境责任的资源投入不足。企业践行环境责任需要投入大量的人力与物力。从长远来看，企业践行环境责任能节省能源并降低成本、树立良好的企业形象、提升企业竞争力，然而在市场竞争激烈且资源稀缺的国家，很多企业难以承担短期内的绿色实践投入成本。尤其是对大量中小企业而言，增加绿色实践投入可能会影响企业的正常运营和发展。针对这一问题，虽然我国政府对绿色创新给予了相应的激励，包括推广绿色信贷、支持设立各类绿色发展基金、财税减免等，但是鉴于行业归属不同，部分开展绿色实践的企业仍采用自筹资

---

① 福布斯（中文版），诺亚财富 . 2013 中国企业家幸福指数白皮书［R］. 2013.

金。融资渠道狭窄且方式单一，特别是资信能力较低、缺乏抵押资产的小公司，融资压力更大。因此，资源的稀缺性在某种程度上限制了中国企业践行环境责任。

第三，企业绿色技术创新能力不足。企业绿色实践依赖创新技术的支持，在日常生产运营过程中，缺乏绿色技术的企业在开展绿色实践的过程中举步维艰。随着我国知识产权保护力度的增大，企业只能通过引进国外新技术或绿色生产设备来推进企业绿色实践活动。引进技术基本无法掌握核心绿色技术，只能在短期内支撑绿色需求。另外，我国企业的绿色创新技术能力普遍不足，环境保护的技术标准门槛较低。我国的环保要求并不高，企业缺乏环保技术创新的动力。例如，我国机动车排放与燃油标准相对宽松，燃油、汽车等行业对环境保护缺乏重视，难以提高环保技术水平。对于大型绿色项目而言，需要不同学科和专业的专家和技术人员共同进行技术交流和探讨，最终确定项目方案，推动企业绿色实践的开展；当下我国的环保行业处于初步发展阶段，环保公司的技术水平参差不齐，绿色专业技术落后，甚至会出现弄虚作假、技术抄袭等现象。

第四，企业对可持续发展认识不足。以往企业认为其社会责任主要是实现经济目标并促进社会经济增长，而在发展过程中往往会忽视环境责任对企业自身的重要作用。从宏观来看，可持续发展注重社会、经济、文化、资源、环境、生活等方面的协调发展，同代内区际间均衡发展和代际间均衡发展、人类经济发展和资源环境承载能力的均衡是全人类的共同目标。从微观来看，企业可持续发展要求企业在保证实现经济目标的同时，将环境治理纳入企业的长期发展战略中，确保企业基业长青。美国《财富》杂志报道，美国中小企业的平均寿命不到 7 年，大企业的平均寿命不足 40 年。而我国中小企业平均寿命仅为 2.5 年，集团企业的平均寿命仅为 7~8 年。面对资源的过度开发、环境的日益恶化以及市场对绿色产品的迫切需求，企业必须改变环境责任观念，秉持经济、生态和社会全面发展的价值观，加强绿色实践，积极实施以自然资源为基础、同环境承载能力相协调的可持续发展战略。

1.1.3　企业悖论管理的重要性

悖论现象贯穿于组织运营的全过程，企业在经营过程中会面临各类悖论张力。例如，企业短期效益和长期发展的关系、产品创新和生产效率之间的关系、经济发展和环境责任的关系（Das 和 Teng，2000；Lavie 等，2010；Wareham 等，2014）。企业可持续发展要求企业一方面要追求经营目标和提高市场地位，另一方面也要注重未来扩张和保持持续的盈利增长。资源匮乏、创新能力不足等导致我国企业所面临的组织悖论问题日益加重。组织悖论的二元性中明确悖论张力包含互相矛盾并共存依赖的两级要素，当悖论张力加剧时，矛盾的两级就像进行拔河比赛，若放置不理，企业很容易陷入混乱和冲突，甚至造成组织衰落（Cameron 和 Quinn，1988）。企业的运营发展存在两类陷阱：创新陷阱和能力陷阱。如果组织致力于各种各样的创新活动，但由于没有充分利用创新成果实现商业化，企业短期盈利水平低下；如果企业对现有产品、能力和客户过度关注，而忽视了新产品、新技术、潜在客户的探索，会走向长期组织惯性导致企业对未来市场和竞争环境难以应付。因此，由于组织中悖论张力的持续性与变化性，组织一旦偏向对立两级中的一级，就会导致恶性循环掉入组织陷阱（Sundaramurthy 和 Lewis，2003）。因此，战略家鼓励组织从冲突中识别互补性，同时形成对立元素的共生共存机制。这种优先考虑寻求互补而不是控制矛盾冲突的悖论管理思想长期影响着社会治理体系的形成。企业悖论管理的重要性体现在以下几个方面：

第一，悖论管理有助于企业适应外部环境。一方面，我国加大了节能环保法律法规执行力度，提升了排污标准，给企业经营带来了巨大的挑战。另一方面，利用绿色创新鼓励政策、财税金融支持等为企业绿色转型带来了机会。企业悖论认知有利于企业对政策环境的全面理解，通过分析政策，可以利用政策对企业绿色实践活动的支持和奖励，加大绿色创新投入，通过优化生产效率和资源能源利用率降低成本，采用和谐心态寻求企业环境管理和财务绩效的协同发展。

第二，悖论管理有助于企业妥善处理悖论张力。在企业运营和发展过程中，悖论张力无处不在，而悖论管理则起着十分重要的作用。企业发展和环境保护之间的关系、财务绩效和环境责任之间的关系、企业不同利益相关者之间的关系等，都是企业在追求长期可持续发展过程中所面临的持续性张力。将企业悖论认知、战略认知提升到更高的层次，有助于企业积极探索悖论管理方式，实现企业发展和生态保护的协同、财务绩效和环境责任的协同、企业和利益相关者之间关系的良性发展。

第三，悖论管理有助于企业坚持可持续发展战略。我国中小企业普遍面临创新资源匮乏、创新能力不足等问题，在企业正常运营和发展的前提下很难投入绿色实践并进行绿色战略转型。因此，在实际运营中仍采用高能耗、高排放的设备，成本居高不下，缺乏竞争优势。而且，在当今的商业环境中，对于电力、钢铁、建材、石油石化等传统制造业，环保、能耗、安全等指标不达标或生产、使用淘汰类产品的企业和产能不得不依法退出市场。在这种情况下，企业悖论认知能够启发企业寻求新颖的组织策略以跳出"不环保—效益低"的恶性循环，可以通过内部学习和伙伴学习来强化技术能力，提高创新水平，促进绿色技术创新，升级绿色生产线或销售渠道，降低运营成本，实现可持续发展。

1.2　研究的理论背景

1.2.1　企业环境责任的研究内容

企业生产经营与环境保护之间的矛盾关系，促使企业家关注绿色升级与绿色转型，尝试获得合法性地位，并构建竞争优势。企业环境管理、绿色实践、绿色公司治理、企业环境责任等成为战略管理领域的研究热点（Gölgeci 等，2019；Lee 等，2018；Wang 等，2018）。企业环境责任是企业社会责任的重要维度，企业在谋求经济效益的基础上，要同时履行保护环境的责任。企业的经济责任、社会责任和环境责任被视为"公司行为的三重底线"，尽管面临严峻的环境制度压力以及利益相关者的要求，很多企业仍铤而走险，拒绝环境管理与绿色实践，且践行环境责任的企业在绿色行为的程度方面也存在很大差异。从企业绿色行为的程度考虑，企业环境责任可以分为环境法律责任和环境道德责任。前者是法律和政策所规定的企业必须遵守的责任底线，后者是更高层次的环境责任，是将绿色管理策略纳入企业发展战略，自觉、主动地致力于全球生态环境改善的工作中。

现有研究已对企业环境责任和财务绩效之间的关系进行了充分论证，但研究结论尚不一致（Mellahi 等，2016；范培华，2015）。一方面，企业进行绿色管理活动需要投入大量资金来争夺企业正常运营所需的稀缺资源，从而导致企业利润下降（Hull 和 Rothenberg，2008；Klassen 和 Whybark，1999）。另一方面，学者探讨了企业主动践行环境责任的优势。例如，企业进行环境管理有利于促进技术创新，创新收益高于投入成本，进而提高企业利润（Shu 等，2016）。企业也可以通过"环境友好型"产品和服务满足消费者需求来提高企业绩效（Nyilasy 等，2014），或通过倡导绿色环保来获得合法性地位和良好的品牌声誉（Claasen 和 Roloff，2012）。此外，企业通过履行环境责任有利于维持利益相关者关系，从而获得重要的社会资源并构建竞争优势（Babiak 和 Trendafilova，2011；Hamann 等，2017；Idemudia，2007）。基于文献梳理发现，现有研究主要从制度理论、利益相关者理论、资源依赖理论、代理理论等视角来分析企业环境责任的驱动因素。

首先，制度理论认为企业战略行为受到所处环境的限制，外部制度压力能促使企业被动地承担环境责任。早期的企业社会责任研究认为，政府决策是企业践行环境责任的主要驱动力（Boudier 和 Bensebaa，2011；Lin，2010；Sharma，2011）。法律法规、污染税收和补贴等政策能够促使企业制定和实施环保战略（Kemp 等，2012）。尽管政府制定的关于环境管理的法律法规被学者们看作企业绿色行为的驱动因素，但实践中社会制度其实是强制性的外部压力，如设定统一的污染排放标准和产品质量标准（DiMaggio 和 Powell，1983；Jaffe 等，2002）。另外，不同于强制性的制度压力，基于市场的激励制度是对企业绿色行为的一种引导性影响，如设立绿色贷款通道、制定绿色产品税收减免政策等（Kemp 等，2012）。制度视角强调了政府政策的强制性、引导性和企业践行环境责任的被动性，并认为企业环境责任与财务绩效是相互矛盾且冲突的两种战略目标，为提高企业环境责任，则需要以牺牲财务绩效为代价。

其次，利益相关者理论认为企业践行环境责任的主要动因是战略动机，即通过建立和维持利益相关者关系来获取社会资本、声誉、特权优势等稀缺资源。企业践行环境责任是为了满足利益相关者的要求，是受利益相关者影响的直接结果（Freeman 和 Reed，1983；Jawahar 和 McLaughlin，2001）。利益相关者对环境保护的要求会影响企业环境责任的实施程度，例如，社会公众、大众媒体、环保团体等次要利益相关者（或外部利益相关者）对企业行为的鉴别和判断，会给企业公众形象等无形资产带来影响，从而限制企业的不环保行为。股东、员工、管理者等主要利益相关者（或内部利益相关者）对企业行为的偏好会影响企业环境责任的实施。利益相关者视角强调企业践行环境责任的主观性，明确了企业环境责任和财务绩效之间的相互依存关系，认为企业将践行环境责任作为管理利益相关者关系的战略手段，目的是从中获得政治合法性和重要的社会资源，从而促进企业发展和财务绩效的提升（Brammer 和 Millington，2008；Marquis 和 Qian，2013；Wang 和 Qian，2011）。

最后，其他学者从资源依赖理论、代理理论等视角分析了企业环境责任在技术、组织和环境等不同维度及组织内外部不同层面的驱动因素。例如，Lin 和 Ho（2011）研究发现，技术的相对先进性和兼容性可以促进企业环境责任，而复杂性会阻碍环境责任；组织支持、人力资源质量和企业规模等组织方面的因素正向影响企业环境责任；利益相关者压力、政府扶持、环境不确定性等环境方面的因素会对企业环境责任起到促进作用。Frynas 和 Yamahaki（2016）详细阐述了企业环境责任的外部动因包括获得合法性、获得利益相关者支持和保障关键资源的流动，内部驱动因素包括开发有价值的资源和满足管理者个人需求。虽然学者从不同理论视角分析了企业环境责任的前置因素，但是尚未彻底揭示"企业是如何看待环境责任的"这一问题。

1.2.2　企业悖论管理的研究内容

悖论理论最初源于哲学和心理学领域，作为跨领域、跨研究层面的元理论被引入管理学研究，不仅拓展了悖论理论的研究范围，也为管理研究提供了新的视角。组织中的悖论张力是由两种对立元素之间相互作用而形成的，很多学者提出悖论张力是持续存在且不断变化的（Lüscher 和 Lewis，2008；Smith 和 Lewis，2011；Smith，2014），而两种对立元素是相互定义、相互影响的（Lewis，2000；Lewis 和 Smith，2014）。随着环境多元化、环境变化和资源稀缺的问题加剧，两种对立元素之间关系紧张的状态愈加凸显（Smith 和 Lewis，2011）。例如，组织的多个利益相关者目标存在不一致，或双元企业的探索活动和应用活动的资源紧缺等。在多元、变化、稀缺的情境下，企业内外部不同主体之间、不同目标之间以及不同组织活动之间的矛盾加剧，组织悖论管理就是有效地处理和应对矛盾给组织带来的不利影响。随着全球环境的剧变，更多学者开始关注悖论视角下的组织管理问题。

首先，悖论管理在组织管理研究中的地位日益凸显。企业悖论张力的存在并不会直接给企业带来积极影响，且对立元素之间的选择均有利有弊。当紧张关系凸显时，选择其中一方并不能消除张力，随着时间推移张力会重新形成（Smith 和 Lewis，2011）。如果没有对悖论张力进行有效管理，悖论的对立力量可以抵消有利的一面（Gebert 等，2010），甚至引发冲突（Chung 和 Beamish，2010）。Smith 和 Lewis（2011）认为，悖论张力的凸显会刺激主体反应，从而引发增固循环，既可能是良性循环也可能是恶性循环。悖论管理的目的是刺激主体做出适合的反应，从而激发良性循环。基于个人认知和行为的一致性、情绪焦虑和防御以及组织惯性的假设（Schneider，1990），当面临矛盾和紧张关系时，个人和组织往往采取防御机制来避免不一致，如会逃避矛盾偏向一个极端选择。这些个人和组织的一致性力量最终集中于一个单一的选择，从而引发更严重的紧张关系，陷入恶性循环。在早期的研究中，Poole 和 Van de Ven（1989）提出了四种应对悖论的方法：对立、空间分离、时间分离和合成。而后，Lewis（2000）将悖论应对方式总结为：接受、面对和超越，它们之间相互关联且层次递增。该观点要求管理者学会与悖论共存，直面悖论，充分讨论悖论张力的潜在逻辑，避免使用逃避等直接反应的思维方式来解决悖论张力。管理者应重构和谐的对立观点，激发矛盾张力中的积极因素，实现良性循环。

其次，管理学者从不同层面对悖论问题进行了分析。悖论普遍存在于组织管理中，并在不同层面予以体现。在宏观层面，Fang（2012）分析了不同国家文化之间的悖论张力及相互影响作用。在企业层面，学者重点探讨了企业间竞合关系的张力（Chung 和 Beamish，2010；Das 和 Teng，2000；Raza-Ullah 等，2014）；也有研究关注了组织内部的战略性悖论张力，如双元企业的探索和应用之间的张力（Andriopoulos 和 Lewis，2010；Raisch 和 Birkinshaw，2008；Smith，2014）、社会责任和财务绩效之间的张力（Hahn 等，2014；Jay，2013；Smith 等，2013）等。在个体层面，侧重分析了领导力协调和控制之间的张力（Denison 等，1995）、参与性领导力和指导性领导力之间的张力（Gebert 等，2010）等。

最后，现有研究侧重于关注悖论管理的具体结果。缺乏悖论管理思维的个体或组织往往会倾向于极端选择或逃避悖论，激发矛盾心理（Ashforth 等，2014），造成意想不到的不良后果。如果缺乏有效的悖论管理，悖论的对立力量可以抵消彼此有利的一面（Gebert 等，2010），甚至引发冲突（Chung 和 Beamish，2010）。随着时间的推移，这种管理不善会导致组织的衰落（Sundaramurthy 和 Lewis，2003）。相反地，有效利用悖论能够促成良性循环（Smith 和 Lewis，2011）。研究发现，通过利用或参与悖论，有利于组织创新（Gebert 等，2010）、双元（Raisch 和 Birkinshaw，2008）、团队创造力（Miron-Spektor 等，2011）、个体和团队的效率（Denison 等，1995）等的提高。此外，悖论管理能够有效解决组织内部相互冲突的需求，促进组织可持续发展和长期绩效的提升（Chung 和 Beamish，2010；Schmitt 和 Raisch，2013；Smith 和 Lewis，2011）。Smith 和 Tushman（2005）、Smith 和 Lewis（2011）认为，有效地利用悖论涉及行为主体的认知，并提出了悖论认知的概念。Miron-Spektor 和 Argote（2008）、Hahn 等（2014）等的研究关注了悖论认知对个体及组织结果的影响。鉴于此，本书也将延续现有方向，继续探究悖论认知对企业的影响。

1.2.3　机会识别的研究内容

现有战略管理研究对机会的定义仍较为分散。有学者将机会与新业务形式的发展联系起来，认为机会是一种想法，这种想法有可能发展成商业形式（Dimov，2007）。Schumpeter（1934）认为，机会是客观存在的，通过资源重新组合呈现出不同的产品或服务，可能是新的生产方式、销售渠道或商业模式。Kirzner（1979）指出，机会来源于市场需求和资源的变化，而潜在的市场需求和可替代资源不是客观存在的，而是被创造出来的。Sarasvathy 等（2003）充分讨论了机会识别、机会发现、机会创造三种观点，认为供求双方都存在机会的来源，若将供求进行结合和匹配则属于机会识别；若只有供或求的一方存在，不存在的一方先被发现再进行匹配则属于机会发现；若供与求都不存在，创造一方或者双方则属于创造机会。例如，市场营销、融资等方面可以创造一些经济机会。总之，不论机会是被识别、被发现还是创造，其出现都涉及价值创造的过程。

现有机会研究的主流理论包括发现理论与创造理论，用于解释不同的机会行为过程（Alvarez 和 Barney，2007；Baker 和 Nelson，2005；Gaglio 和 Katz，2001）。发现理论认为，创业市场中充满各种机会，但因风险不同，机会发现的过程也有所差异。创造理论则认为机会本身并不存在，需要创业者创造机会，而创造过程则会导致不确定的结果。基于不同理论，学者们探究了机会识别的各类影响因素。研究表明，机会的发现主要来源于外部环境的变化，包括政策环境、技术环境、市场环境、人口环境等，从变化中产生新信息（George 等，2016；Guo 等，2016）。但是，创业者需要基于自己过往经验形成认知框架（Baron，2006），通过认知来理解并处理这些信息，从中识别、发现与创造机会（Casson，2005；Saemundsson 和 Holmén，2011）。还有研究指出，个体或组织的学习过程会影响企业识别机会的可能性（Lumpkin 和 Lichtenstein，2005）。学习是一个将知识转化为经验并创造新知识的过程，学习还可以修正个体或组织的认知框架，从而影响企业处理环境信息的过程（Corbett，2005；Tumasjan 和 Braun，2012）。此外，企业通过人力资本可以增加独特的、有价值的管理经验和创业经验（Gruber，2012），通过社会资本可以为企业提供获取信息的渠道（Kontinen 和 Ojala，2011），这些都有助于企业修正认知框架，校正认知偏差，从而提高机会识别的可能性。此外，认知或个体特征（Gaglio 和 Katz，2001；Fischer，2011；Li，2011）、系统搜寻（Ardichvili 等，2003；Fiet，2007）等都会影响组织和个体进行机会识别、发现和创造的过程。

目前，关于机会识别影响结果的研究仍然较少。创业领域的学者们认为机会识别是企业发现和创造潜在价值的过程，会引导企业对机会进行评估或应用（Ardichvili 等，2003；Lumpkin 和 Lichtenstein，2005；Shane 和 Venkataraman，2000）、促进创造新企业（Shane，2001）、开发新产品（Choi 和 Shepherd，2004）。另外，Gruber 等（2008）探索了市场机会选择对企业绩效的影响过程，发现市场机会识别对企业绩效的影响是正向且非线性的。也有研究试图解释应用机会的重要性，但创业领域相关的拓展研究仍较缺乏（Shane 和 Venkataraman，2000）。

1.3　已有研究的不足与启示

1.3.1　未能探究企业环境责任的悖论本质特征

现有研究对企业环境责任的驱动因素进行了探讨，但对企业践行环境责任的本质尚未透彻理解，对环境责任的驱动因素缺乏全面、系统的认识。制度理论认为，企业在受到外部制度压力时才会被迫承担环境责任，是以牺牲企业财务绩效为代价的选择，环境责任和财务绩效是相互冲突的两种战略目标；而利益相关者理论认为，企业利益相关者要求企业践行环境责任，企业希望与其建立良好的关系，从而获取社会资源，提升财务绩效，因此愿意主动践行环境责任。制度理论认为，企业财务绩效和环境责任是冲突的，而利益相关者理论认为企业财务绩效能够依赖环境责任，这两种观点都分别体现了企业对环境责任认知的一个方面，尚未从全面的角度来理解企业环境责任的本质。Frynas 和 Stephens（2015）指出，对未来企业环境责任的研究需要开发新的理论视角，跳出传统的思维框架，在环境责任领域进行突破创新。

针对上述局限，本书引入悖论理论来重新思考企业环境责任的本质。组织悖论的视角认为，企业环境绩效和财务绩效之间存在相互矛盾且相互依存的关系，这一视角对制度理论的观点和利益相关者理论的观点进行了整合，重新对企业环境责任的本质进行了界定，然而现有研究并没有探讨和检验企业悖论认知在企业环境责任中的作用。因此，从悖论的视角认识企业环境责任和财务绩效之间的关系，关注企业悖论认知对企业履行环境责任的影响，有利于更加完整且全面地理解企业履行环境责任的本质。

1.3.2 缺乏关于企业悖论认知对环境责任影响的思考

企业环境责任研究领域的学者基于制度理论、利益相关者理论、高阶理论等，分析了外部环境、利益相关者等因素对企业环境责任的影响，较少从战略认知的视角进行思考。虽然已有研究从组织悖论的视角对企业环境责任与财务绩效持久共存且矛盾的关系进行了理论阐述，但缺乏探讨两者悖论关系的认知对企业环境责任方面的影响程度（Hahn 等，2014；Jay，2013；Smith 等，2013）。悖论理论在组织管理中的研究仍处于起步阶段，尤其是近些年组织悖论管理的研究大多基于西方情境，较少关注中国情境下的悖论认知和管理（Zhang 等，2015）。中国的东方文学与哲学根基为企业洞察悖论本质、处理悖论张力提供了有效的方法。面对各类管理现象，东方思维偏好采用包容、整合和超越的方式对待悖论（Chen，2008），这与将整体分解处理的西方思维形成对比（Peng 和 Nisbett，1999）。

另外，现有研究忽视了企业悖论认知作为战略认知方式对企业战略行为的影响。悖论理论认为，组织悖论张力为企业发展提供了机会，然而现有研究更多关注特定情境下悖论张力的应对和处理，即按照不同的组织悖论体现来分析、解决张力的方式，如企业间竞合关系、企业内部探索和应用的关系、组织结构的稳定性和灵活性等。但是，在东方文化底蕴深厚的中国，企业更偏好对所处环境及自身发展的认知追求这个矛盾整体中的和谐发展，这也正是悖论理论所强调的认知视角。因此，在中国文化背景下，鼓励企业走可持续发展道路，需要关注悖论认知和企业环境责任的整合研究。

1.3.3　驱动企业践行环境责任的内部"黑箱"尚未彻底打开

学者普遍关注政策压力、利益相关者关系、企业战略动机等因素对企业环境责任的直接影响，而较少关注驱动因素究竟如何引发企业绿色战略行为，最终影响企业履行环境责任的程度。在探索企业悖论认知影响环境责任的过程中，内部的"黑箱"尚未打开。本书跳出传统利益相关者理论与制度理论的旧巢，基于战略认知过程框架，从悖论认知方式出发，思考"企业究竟会选择何种战略行为进而推动环境责任的履行"。悖论认知视角为企业提供了超惯性思维模式，能够帮助企业在环境责任和财务绩效这对矛盾且对立的关系中寻找新的商业机会。悖论张力中的积极因素能够激发外部机会识别和内部机会创造，引导企业进入环境绩效和财务绩效和谐的良性发展模式。中国企业面临政策、市场与技术环境的变化，企业悖论认知能否促进企业在动荡环境下对政策机会识别的困扰仍不清晰。面对市场和技术环境的变化，悖论认知对企业绿色技术升级、创造机会转型的结果尚未揭晓。企业悖论认知是否能够通过影响企业机会的发现和创造，提高企业履行环境责任的程度，有待定量研究的进一步确认。基于上述不足，本书将从战略认知过程框架的视角，尝试打开驱动环境责任研究的"黑箱"。

1.3.4　缺乏对市场环境、制度环境等权变因素的探究

现有研究主要关注制度、组织与个体层面因素对企业环境责任的直接影响，鲜有研究探寻前置因素影响企业环境责任的权变效应（Aguinis 和 Glavas，2012）。虽然学者尝试对权变因素进行了探索，但仍较为片面。Smith（2013）在其博士学位论文中分析了制度规范对企业环境责任的直接影响以及信息技术在上述影响中的调节作用，是从技术水平层面进行考虑的。Jia 和 Zhang（2013）研究发现，CEO 政治背景影响企业社会责任，而政府所有权、企业财务状况等因素会调节上述关系，但也仅仅是从企业内部的情况进行分析的。战略管理的三鼎战略视角（Strategic Tripod Perspective）认为，企业所处外部环境对其战略行为的重

要影响，在行业与资源的基础上提出了制度基础观（Peng 等，2009）。尤其是我国的市场环境较为复杂，制度条件仍不完善，各地区政策和市场成熟度发展也不平衡，管理者对于企业是否应该履行环境责任的认知与决策也不统一。基于此，本书尝试进一步系统探究市场与制度因素所扮演的权变角色。在政策机会发现和内部机会创造影响企业环境责任的过程中，市场环境、制度环境应该会影响企业绿色转型时对机会的利用过程，从而使企业履行环境责任的结果产生差异。而上述权变因素的分析有助于弥补现有研究中的不足，将企业践行环境责任的驱动因素研究框架系统化，进一步完善该领域的研究内容。

1.4　研究问题及研究框架

1.4.1　研究问题及内容

结合前文对现实背景、理论背景与现有研究不足的分析，本书认为有必要深入探索企业悖论认知、政策机会识别、技术升级、制度环境、市场环境和企业环境责任的深层次关系。简单概括，本书主要的研究问题是：

悖论认知如何通过引导企业进行内外部机会识别来应对环境责任和财务绩效的悖论，并在不同的制度环境和市场环境下利用两种途径有效提高企业环境责任？

具体而言，可以归纳为以下几个具体研究问题：①企业悖论认知对环境责任的影响是怎样的？②政策机会识别（外部机会识别）和技术升级（内部机会识别）在企业悖论认知影响环境责任时发挥着怎样的作用？③在不同的制度环境和市场环境下，政策机会识别和技术升级对企业环境责任的影响作用发生怎样的变化？

确定上述研究问题后，本书将重点探讨下述四部分内容：

第一，基于悖论理论，本书提出悖论认知的建立有利于促进企业践行环境责任。企业可持续发展要求企业将经济发展和生态发展、社会发展相结合，而生态和社会发展的外部性造成环境责任和财务绩效的冲突。特别是在多元变化的商业环境中，资源匮乏、企业技术能力不足等问题加剧了企业经济责任和环境责任的矛盾对立关系。悖论的视角整合了制度理论和利益相关者理论对企业环境责任和财务绩效关系的观点，认为二者共存依赖且相互冲突。企业悖论认知引导企业发现、认识和接受二者的悖论关系，识别兼顾二者共同提升的潜在机会，利用机会进行绿色转型，促进企业践行环境责任。

第二，基于战略认知的视角，本书分析了悖论认知对企业环境责任的影响机制，强调了机会识别作为认知过程发挥的中介作用。战略认知理论认为，认知结构会对企业战略行为和结果产生重要影响，而构建战略价值、形成和实施战略等认知过程在认知结构和组织结果之间充当着桥梁作用。基于战略认知的视角，认为悖论认知作为一种组织认知结构，影响企业对政策、技术等方面信息的解读和处理，引导企业发现悖论的积极因素，在政策、技术的变化中识别机会，形成兼顾企业环境责任和财务绩效的悖论解决途径，为企业实施环境战略构建基础框架，从而促进企业践行环境责任。

第三，本书提出政策机会识别和技术升级在提高企业环境责任方面具有重要作用。本书认为，企业从外部政策环境和内部能力识别到兼顾环境责任和财务绩效的潜在机会，是缓解二者紧张关系的有效途径，可以促进企业主动践行环境责任。具体而言，政策机会识别是企业对环保政策环境的变化进行衡量和分析，识别出有利于企业发展和环境发展的商业机会，促进企业进行绿色转型，推动企业进行绿色实践活动。技术升级是企业对技术环境的信息进行收集和学习，通过外部合作和自主研发等方式提高自身的技术能力和绿色创新水平，创造出优化产业结构和资源能源利用率的新的商业机会，对生产、销售、管理等环节进行绿色升级，推广环境保护办法和措施，推动生态保护和发展。

第四，本书将进一步探讨制度环境因素和市场环境因素是如何影响政策机会识别、技术升级和企业环境责任之间的关系的。在转型经济背景下，制度环境和市场环境较为复杂，主要体现为恶性竞争时有发生、政府政策不明确不完善、各地区经济发展不均衡等。在制度环境方面，恶性竞争和制度缺失分别反映了制度的无效性和不完备性；在市场环境方面，竞争强度反映了特定地区和行业的竞争激烈程度。上述环境因素给企业带来的不同挑战和风险，会影响企业对政策机会和技术机会的利用过程和效果，从而导致政策机会识别和技术升级对企业环境责任的影响发生变化。图1-1为本书的整体研究思路。

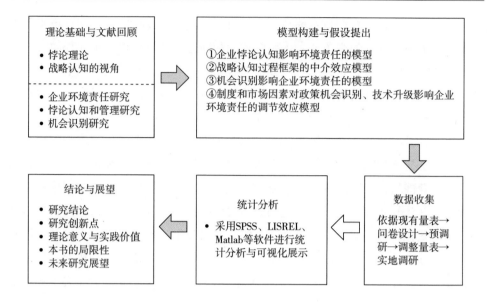

图 1-1　本书的整体研究思路

1.4.2　本书的研究方法

本书以理论分析与实证检验为主，在对现有研究及相关理论进行梳理的基础上，构建了研究框架。一方面运用基础理论对研究框架进行分析，提出本书的研究假设和概念模型；另一方面运用统计学技术对收集到的相关数据进行处理、对研究假设进行验证，并得出结论。基本操作如下：

首先，针对本书的研究问题，对近年来国内外的相关研究进行回顾和梳理，包括企业环境责任、企业悖论管理、机会识别等领域的最新研究，从中发现当前研究存在的问题与不足。为了将上述领域的研究进行整合，形成本书的研究框架，需要引入新的理论视角来解释过去无法解释的关系和问题。因此，本书从战略认知的视角，基于悖论理论、制度基础观等，构建研究的概念模型，提出研究假设，并阐述模型中各变量之间的关系。

其次，本书对概念模型中的变量进行界定。对于已有的成熟量表的变量，主要参考国内外权威研究的指标；对于新变量的测量，遵循"概念—名义变量—操作变量—测度"的过程进行设计。最终的调研问卷通过专家反复讨论和修正，并根据实地深入企业访谈的反馈进行适当调整，保证科学性和可操作性。本书采用实地调研的方式进行数据收集，建立了原始数据库。在实证检验过程中，采用 SPSS 22 与 LISREL 8.5 对数据进行处理分析，利用逐层回归分析方法分析各变量之间的关系，对假设模型进行检验。

1.4.3　本书的结构安排

本书共包含七章内容，具体结构安排如图 1-2 所示。

第 1 章为绪论。分析了当前我国企业践行环境责任的必要性及其问题与挑战，强调企业悖论认知和管理的重要性。简要介绍了企业环境责任、悖论管理、机会识别的理论背景，总结了理论研究的不足，提出了本书的研究问题和框架。

第 2 章为相关理论和文献综述。本章梳理了企业环境责任、悖论管理、机会识别的研究进展及相关理论视角。针对第 1 章提出的研究问题，基于战略认知视角阐述悖论理论等相关理论的内容，详细说明这些理论为本书奠定了怎样的理论基础，并将上述研究内容进行了整合。

第 3 章为概念模型及假设提出。本章对关键变量进行了具体界定，明确了概念内涵，并阐述了理论模型的构建思路，说明各变量之间的关系是如何联系起来的。首先分析悖论认知如何促进企业践行环境责任。其次讨论机会识别作为认知过程在二者之间的中介作用，并具体说明政策机会识别和技术升级对企业环境责任的积极作用。最后揭示恶性竞争、制度缺失和竞争强度作为情境因素对机会识别和企业环境责任关系的调节影响。总结形成本书的概念模型及 13 个理论假设。

第 4 章为研究方法。本章详细描述了问卷设计和数据收集的过程，包括项目来源、问卷设计方法、抽样和调研过程，并对样本进行了有效性检验。针对概念模型中的变量，阐述了测量指标的来源，并对本书采用的统计分析方法进行了具体说明。

第 5 章为实证分析结果。本章主要介绍了数据处理的过程和结果，对数据进行了描述性统计分析，检验变量是否可区分。对量表的信度和效度进行了分析，检验了量表的内部一致性、聚敛效度与区分效度，并对内容效度和共同方法偏差的问题进行了说明。对数据进行了逐层回归分析，得出各变量之间的关系与研究假设结果。

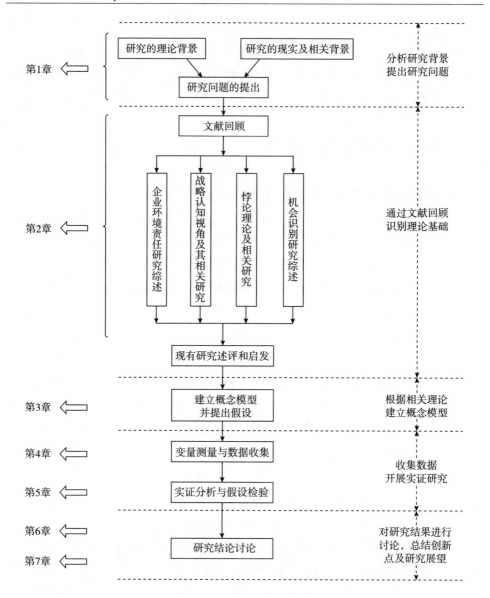

图1-2　本书的研究框架

第6章为结果讨论。本章对研究结果进行讨论，分析假设得到支持或未得到支持的原因。讨论本书的理论贡献及对管理实践的启示。

第7章为结论与展望。本章总结了主要研究结论、创新点、研究局限性与未来研究方向。

2

相关理论和文献综述

在提出概念模型之前，本章首先对企业环境责任、战略认知、悖论理论以及机会识别领域的相关文献进行梳理和总结。通过对上述领域的研究进行评述，厘清现有研究的局限，发现其与本书研究的关系，分析以往文献未能解决本书问题的原因，引导并形成本书研究的概念框架。

2.1 企业环境责任研究综述

2.1.1 企业环境责任

企业环境责任（Environmental Corporate Social Responsibility，ECSR）在有些文献中也被称为 CER（Corporate Environmental Responsibility）或绿色管理（Green Management）、绿色实践（Green Practices）等。企业环境责任是企业社会责任（Corporate Social Responsibility，CSR）的一个重要维度。尤其是近些年全球环境保护问题的凸显，使环境责任的内容在企业社会责任中占据了日益重要的地位，很多学者开始单独讨论企业环境责任的问题。因此，在阐述企业环境责任的内涵之前，先介绍企业社会责任的内涵与历史沿革。

2.1.1.1 企业社会责任的内涵与发展

企业社会责任自被提出以来便存在多方争议，古典经济学派认为，企业社会责任是一种矛盾的修辞，只有企业盈利才是对社会真正负责。Friedman（1970）认为，企业社会责任破坏了政府与商业责任的合理划分，并强调企业社会责任仅是企业谋利的一种营销策略。政治学领域的右翼批评者担心企业社会责任有取代企业应有的生产和盈利责任的危险，而左翼派认为企业社会责任可能接管民主政治，成为资本主义的"遮阳板"。尽管存在多方争议，企业社会责任仍成为数以万计的企业用来描述其政策和行动等的重要概念。

关于企业社会责任的界定，现有研究从不同层面（制度层面、组织层面、个体层面等）和不同领域（营销、组织行为、人力资源管理、组织心理、运营、信息系统等），提出了各自的定义。McGuire（1963）和 Davis（1973）认为，企业社会责任应与经济、技术和法律义务有所区分。Carroll（1999）认为，企业社会责任包含经济与非经济两类责任，前者是企业追逐自身利益，后者则是企业服务他人。而 Daft（2003）则认为，经济责任不属于企业社会责任的范畴，而是企业存在的根本原因。Friedman（1970）早已强调社会责任本质上是经理人提出的概念，它将以牺牲股东利益为代价，用于职业经理人推进自己的社会、政治或职业生涯的一种手段。Aguinis 和 Glavas（2012）基于多层面、多领域的研究，将企业社会责任界定为"企业在综合考虑利益相关者的期望、经济、社会、环境三重底线等基础上，所执行的具体行动和策略"。

自 20 世纪 50 年代企业社会责任在美国兴起以来，其在内涵、应用、文化和体制等方面已有较大的发展。企业社会责任的发展和转型主要体现在以下两个方面：首先，已从通过监管、新合作主义或约定俗成所鼓励的企业责任隐性实践，逐渐转向显性的企业社会责任。企业从以往对社会认可的责任体系的遵从，转变为企业层面的主观责任（Matten 和 Moon，2008）。其次，企业社会责任的内涵正在不断外延。除了企业生产活动或慈善事业的外部性，还包括深入参与广泛的社会和环境问题，包括对自然资源的消耗、对环境的污染、劳动标准、摆脱贫困、注重健康等。上述内涵的发展标志着企业社会责任已从企业层面的责任转变为参与各种形式的社会治理。虽然企业社会责任本质上仍然是企业的自由裁量权问题，但各方利益相关者已经为企业社会责任提供了诸多激励，甚至直接参与了企业社会责任的设计、开发与评估。企业社会责任要求企业确保产品货真价实、企业科学发展和可持续发展、企业保护环境、发展慈善事业、保护职工健康、重视科技发展等内容，企业可采取多种方式来履行社会责任，因此众多因素之间可能存在密切的联系或制约关系。例如，企业在慈善捐赠方面进行资源配置，可能会限制企业在科技发展和环境责任方面的投入。

2.1.1.2 企业环境责任的内涵

综上所述，企业社会责任受到了各方利益者的关注，与此同时，环境责任作为其一个重要部分，同样吸引了组织管理、环境管理等领域学者的关注。尤其是在生产经营与环境保护这对矛盾关系日益凸显的背景下，管理者与学者都迫切想知道企业环境责任的重要价值，亟须做出相应的战略选择。例如，部分企业大胆尝试，通过绿色转型获得合法性地位，甚至构建了独特的竞争优势，显著提高了企业绩效。但是，仍有部分管理者还在犹豫，甚至在面对环境责任的成本压力时选择避而不谈。上述环境管理的诸多实践，尤其是企业的不同战略选择，进一步激发了学界的兴趣。对企业环境管理（Corporate Environmental Management）、绿色实践、绿色公司治理（Green Corporate Governance）、企业环境责任等相近话题的研究逐渐兴起，而内涵却趋于一致。

企业环境责任要求企业在谋求经济利益最大化的同时，履行节约能耗、降低排放等环境保护责任，是企业社会责任中重要且独特的维度（Rahman 和 Post，2012）。消费者和生产者试图让世界成为一个更清洁、更环保的居住环境（Linnanen，2009；Sumathi 等，2014），越来越多的企业倾向于履行可持续原则及绿色产品和服务的承诺（Gliedt 和 Parker，2007）。对于企业社会责任与环境责任，部分学者甚至发现了两者的有趣现象。例如，Baughn 等（2007）研究发现，美国企业的社会责任水平普遍高于其他国家，但是与其他国家相比，美国企业的环境责任水平则相对较低。换言之，社会责任水平高并不意味着环境责任水平高。企业既要满足广泛的利益相关者的期望，又要保证经济回报，积极主动地践行企业环境责任已成为很多企业获得竞争优势的源泉（Wei 等，2017）。随着全球社会对环境问题的关注度上升，企业社会责任的概念和相关研究不足以满足环境责任理论与实践的发展，越来越多的研究将企业环境责任从企业社会责任中分离出来，形成了一个独立的研究领域。

关于企业环境责任的内涵，现有文献从社会治理、可信度、环境绩效、环境战略等不同领域，从多个角度对企业环境责任进行界定（见表 2-1）。有研究将企业环境责任视为单纯的企业伦理性环境行为（Mazurkiewicz，2004；Lyon 和 Maxwell，2008；贺立龙等，2014），还有研究认为利益相关者和企业之间的关系才是环境责任的本质（Matten 和 Moon，2008）。Lee 等（2018）则认为，企业环境责任是多元性动机驱动的结果。Mazurkiewicz（2004）认为，企业环境责任应涵盖运营、产品和设施对环境的影响，包括管理废弃物和排放、最大限度地提高资源的配置效率和生产效率、尽可能减少对后代享有国家资源造成不利影响的做法等。Lyon 和 Maxwell（2008）则将企业环境责任定义为通过私下提供公共物品或将负外部性内在化等超越法律要求的环境友好行为。整体而言，企业环境责任侧重强调公司通过各类合规性与预防性活动，来限制公司对外部环境的负面影响。

表 2-1　企业环境责任的定义及内涵

文献来源	企业环境责任的内涵
Bansal 和 Roth（2000）	企业环境责任是指企业履行减轻对自然环境不良影响责任的程度，具体措施包括改善产品、流程和政策，减少能源消耗与废弃物排放，使用可持续再生资源，实施环境管理系统等
Cramer（2005）	企业环境责任是社会责任中新要求的共同价值观，是嵌入社会、自然与企业三根支柱的一种组织战略
Gilley 等（2000）	企业环境责任包括优化组织流程及生产原材料的过程驱动举措，以及研发新型环保产品或服务、降低对环境造成不良影响的产品驱动举措
Jose 和 Lee（2007）	企业环境责任包括整体环境规划、高层管理者对环保制度化的支持、环境结构与组织细节、环境领导活动、环境控制、外部认证、企业环境信息披露七个方面的内容
Lee 等（2018）	企业环境责任是利益相关者对企业环保行为的期望，是组织获得竞争优势的必要行为
Lyon 和 Maxwell（2008）	企业环境责任是企业通过私下提供公共物品或将负外部性内在化等超越法律要求的环境友好行为
Matten 和 Moon（2008）	企业环境责任是由经理人、股东和其他关键利益相关者的动机决定的环境管理行为
Mazurkiewicz（2004）	企业环境责任是企业对产品和生产过程对环境造成影响的管理行为，包括管理废弃物与排放、最大限度地提高资源的配置效率和生产效率、尽可能减少对后代享有国家资源造成不利影响的做法等
Moon 和 DeLeon（2007）	企业环境责任是指政府制定的基于市场的机制（排放交易）、基于信息的机制（有毒物质排放清单）和自愿项目等政策，用于控制和降低环境污染
Onkila（2009）	企业环境责任是环境伦理和道德对企业可接受行为的要求
Punte 等（2006）	企业环境责任涉及资源和能源效率，如亚洲工业气体减排项目帮助企业评估如何有效利用能源和资源
Shah（2011）	企业环境责任涉及组织环境战略制定和实施过程，强调生态环境的合法性和重要性

文献来源	企业环境责任的内涵
Trumpp 等（2015）	企业环境责任是指企业在污染控制、排污信息披露、绿色能源开发等方面采取的行动措施及响应
Williamson 等（2006）	企业环境责任是企业在自身的业务运作和与利益相关者的互动中，自愿考虑环境问题的行为，被认为是企业在不损害财务绩效的情况下平衡和改善环境影响对可持续发展所做的贡献
Young 和 Tilley（2006）	企业环境责任是企业主动进行利益相关者管理的战略行为，改善企业对环境的影响并为可持续发展做出贡献
贺立龙、朱方明和陈中伟（2014）	将企业环境责任界定为，通过一定经济机制的规范与引导，企业主动或被动地按社会福利基准，配置和使用环境资源的行为责任
刘锡良和文书洋（2019）	企业环境责任包含对排污实施的事前管理、事后措施以及主动采纳清洁技术以降低排放水平

资料来源：根据 Rahman 和 Post（2012）整理。

2.1.2 相关理论

现有文献从不同视角探索了企业环境责任与财务绩效之间的关系，以及企业践行环境责任的动机，涉及制度、利益相关者关系等视角。本节将对制度理论（Institutional Theory）、利益相关者理论（Stakeholder Theory）和其他理论进行梳理，为后续理论选择奠定基础。

2.1.2.1 制度理论

制度理论认为，企业需要遵循所处商业环境中形成的社会规范，缺乏外部社会认同与合法性地位，则无法生存（Meyer 和 Rowan，1977；DiMaggio 和 Powell，1983）。制度理论大致包括三类研究方法（Hotho 和 Pedersen，2012）：经济学方法（新制度经济学）探讨了支撑经济活动的制度有哪些监管作用；社会学方法（新制度主义）探讨了制度的合法作用；比较制度方法探讨了资本主义经济制度安排与形成经济组织和公司竞争力的制度安排之间存在的差异（Soskice 和 Hall，2001；Wood 等，2014）。基于制度理论，大量研究分析了影响组织践行环境责任的制度因素，包括地理政治格局（Amaeshi 等，2006）、政治制度与治理（Lin，2010；Sharma，2011）、运作体系（Boudier 和 Bensebaa，2011）、文化制度（Jamali 等，2009）、社会价值观（Wang 和 Juslin，2009）、当地生态系统（Mitra，2012）等。制度理论还从同构性角度分析了企业环境责任的本质，即在给定的制度环境下，企业面临着类似的制度压力，因此战略思维也会趋于一致。这类文献主要研究了具有相似属性的公司所面临的环境责任战略压力，如处于相同国家背景的企业（Fransen，2013；Holder-Webb 和 Cohen，2012）、具有相同社区制度环境的企业（Marquis 等，2007）、行业内战略集团公司（Kolk 和 van Tulder，2006）等。

新制度主义的观点认为合法性对企业环境责任具有重要作用。Suchman（1995）认为，合法性是一种普遍感知或假设，实体行为在社会构建的规范、价值、信仰和定义体系中被认为是适当的。企业与社会之间存在契约，企业的运营需要依赖上述契约，通过获取合法性地位来避免社会对其战略目标的否定，从而保证日常经营。只有当社会赋予企业合法性时，企业才能正常发展。因此，企业必须不断实现经营活动合法化，以保持社会和组织目标的一致性（Deegan，2002）。组织通过践行环境责任来维持与社会规范的一致性，并满足外部利益相关者的期望，从而获得制度合法性（Chan 等，2014；Meyer 和 Rowan，1977；Palazzo 和 Scherer，2006）。由此可见，企业践行环境责任是面临制度合法性要求而采取的行动。

虽然诸多研究认为企业践行环境责任的动因是企业对制度环境的被动适应，但近些年的研究侧重分析制度环境的复杂性以及企业如何将环境责任作为应对内在压力的主动策略。还有文献探究了跨国公司如何在多元制度与全球竞争背景下，应对冲突的制度压力。鉴于制度冲突，跨国公司会调整环境责任战略并试图改变制度环境，采取"边适应边抵制"的方式进行应对（Hah 和 Freeman，2014；Jamali，2010；Marano 和 Kostova，2016）。上述视角认为企业践行环境责任与提升财务绩效是相互矛盾且冲突的战略目标，为提高企业环境责任，则需以牺牲财务绩效为代价。因此，制度理论强调了政府政策的强制性、引导性和企业践行环境责任的被动性。

2.1.2.2 利益相关者理论

利益相关者是会对公司产生影响的群体，既可促进也可阻碍公司的发展，包括员工、客户、供应商、政府机构、非政府组织等（Helmig 等，2016；Lyu 等，2014）。利益相关者理论认为，企业行为是不同利益相关者施压的结果，这些压力与权力依赖相关（Clarkson，1995；Freeman 和 Reed，1983；Jawahar 和

McLaughlin，2001），或是与合法性主张相关（Idemudia，2007；Hamann 等，2017）。Mitchell 等（1997）将不同因素引入利益相关者识别模型，提出了决定利益相关者影响力的三个属性：权势、合法性与紧迫性。权势是指利益相关者将自己的意志强加于他人，合法性是指利益相关者根据自身要求使用合法权利向公司提出索赔等行为，而紧迫性是指利益相关者迫切需要得到关注。基于上述属性，企业可对利益相关者进行适当分类，妥善处理关系。

利益相关者理论认为，企业践行环境责任主要源于组织战略，企业通过满足利益相关者的需求，获取社会资本、企业声誉、特权优势等稀缺资源，以提高竞争优势、推动企业良性发展。基于该视角，学者分析了不同利益相关者属性、压力等因素对企业环境战略的影响（Darnall 等，2010；Font 等，2016；Lee 等，2018）。Darnall 等（2010）发现，利益相关者压力与环境实践之间的关系随着企业规模的变化而变化；Ehrgott 等（2011）的实证研究表明，中层供应经理作为内部利益相关者，对企业选择绿色供应商起着重要的推动作用。

另外，利益相关者理论在解释企业环境绩效与财务绩效关系方面，分别在理论概念（Barnett，2007；Miles 和 Covin，2000；Schuler 和 Cording，2006）和实证研究（Oikonomou 等，2014；Wang 和 Choi，2013）方面进行了探索。大多数研究认为，企业环境责任活动是有效管理利益相关者关系的战略手段，有助于获得政治合法性和社会资本，为企业带来重要的社会资源，从而提升企业财务绩效（Brammer 和 Millington，2008；Marquis 和 Qian，2013；Wang 和 Qian，2011）。因此，利益相关者理论强调了企业践行环境责任的主观性和战略性。

2.1.2.3 其他理论

此外，还有一些研究关注了合法性理论（Legitimacy Theory）和资源依赖理论（Resource Dependent Theory）。

Suchman（1995）将合法性定义为一种普遍的感知或假设，即实体的行为在某些社会构建的规范、价值、信仰和定义体系中被认为是适当的。合法性理论的前提假设是企业的运作是建立在企业和社会之间社会契约的基础上的，企业需要社会的认可或合法性，以避免社会对其目标的否定，从而获得一定的回报，保证企业的生存。根据合法性理论，企业和社会是不可分割的，企业没有存在的固有权利，只有当社会赋予企业合法性时，企业才存在。因此，企业必须不断使其活动合法化，以保持社会和组织目标的一致性（Ashford 和 Gibbs，1990；Deegan，2002；Lindblom 1983）。在制度主义的观点下，合法性是通过组织与环境同构而获得的（Meyer 和 Rowan，1977）。当社会规范要求企业履行环境责任时，社会公众提倡绿色产品，企业不得不进行环境管理，以保证企业经营活动的合法性。组织通过对外部期望的反应来维持合法性，因此，管理合法性的潜力是有限的（Palazzo 和 Scherer，2006）。由此可见，对合法性理论的研究几乎等同于对制度理论的研究。

另外，资源依赖理论指出，组织依赖于所处的环境来保证生存的关键资源的流动。因此，各组织必须满足环境中那些为其继续生存而提供资源的人或组织的需求。虽然资源依赖理论最初是为了理解组织之间和组织内部各单位之间的关系而提出的，但该理论很容易应用于企业和不同类型的机构和参与者之间的关系（Frooman，1999；Ingram 和 Simons，1995；Julian 等，2008；Oliver，1991）。资源依赖理论和制度理论有重要关联，但二者之间关键的区别在于，该理论认为企业可以主动地进行战略决策。随着组织依赖于不同的行为个体或组织甚至互相冲突的社会需求（Oliver，1991），企业很难满足所有要求，资源依赖理论认为公司会更加注重那些控制着关键资源的行为主体或组织（Frooman 1999；Pfeffer 和 Salancik，2003），这就解释了为什么高度依赖女性员工的组织会相当重视工作和生活的平衡问题（Ingram 和 Simons，1995），以及为什么高度依赖农村社区自然资源的发展中国家会投资于卫生和教育方面的地方发展计划（Hess 和 Warren，2008）。资源依赖理论强调了董事会的角色对关键资源流动的重要作用（De Villiers 等，2011；Ortiz-de-Mandojana 等，2012；Hafsi 和 Turgut，2013；Mallin 等，2013）。Hafsi 和 Turgut（2013）发现，董事会的多样性对企业社会绩效有积极的影响，De Villiers 等（2011）发现，董事会规模越大、董事会中活跃的 CEO 人数越多、董事会中法律专家人数越多的公司，环境绩效越高。另外，资源依赖理论还强调了与其他群体之间互动带来的资源流动，很多研究发现，与重要的外部群体互动有助于提高企业的环境绩效（Ortiz-de-Mandojana 等，2012；Ramanathan 等，2014）。

2.1.3　企业环境责任研究框架

通过文献梳理发现，现有企业环境责任研究主要关注以下几个问题：①探究影响企业环境责任行为的前置因素，回答哪些因素促进或阻碍企业践行环境责任的问题；②分析企业环境责任与财务绩效之间的关系，回答企业践行环境责任是否有利于组织绩效及发展的问题；③企业环境责任与财务绩效之间关系的调节作用分析，回答在不同情境下企业环境责任和组织绩效之间的关系如何变化的问题。企业环境责任研究框架的代表性文献见附录。

2.1.3.1　企业环境责任影响因素研究

现有研究从不同层面分析了影响企业环境责任的驱动因素，并对其进行了实证检验。在制度层面，现有研究主要分析企业外部制度环境对其环境战略行为的影响，甚至从广义的制度定义分析了政治格局、政治制度、经济商业运作体系、社会文化、价值观和风俗习惯、生态系统等因素对企业环境责任的影响。例如，Amaeshi 等（2006）描述了英国殖民时代，尼日利亚企业环境责任实践的萌芽与发展，认为企业所处政治背景具有重要作用，且公民社会组织和国际标准等因素都会影响企业环境责任（Knudsen，2013；Robertson，2009）。Lin（2010）、Shar-ma（2011）基于中国和印度的企业样本，分别探讨了国家层面因素对企业环境责任活动的影响。也有研究表明，不完善的国家制度政策严重限制了企业的环境责任，如大量危险废弃物正在有些国家进行非法贸易，国家必须立即立法并约束企业的负面行为（Boudier 和 Bensebaa，2011；Raufflet，2009）。

还有研究分析了文化体系对企业环境责任的影响。例如，Dartey‐Baah 和Amponsah‐Tawiah（2011）研究发现，非洲的等级关系文化显著促进了当地企业的环境责任。Wang 和 Juslin（2009）认为，中国企业的环境责任意识主要源于儒家和道家的理念，包括追求人际和谐、尊重自然、关爱他人等。另外，工业发展导致的环境外部性对生态系统的加速消耗也会促进企业践行环境责任（Lund‐Thomsen，2009；Mitra，2012）。简而言之，制度层面的研究强调了外部制度、社会文化等环境的强制性与引导性。受制于外部制度，企业环境责任行为往往是被动的，因此可能与财务绩效的发展产生一定冲突。

组织层面的研究主要从内部属性与战略动机等方面切入，分析企业所有权、公司治理、使命和文化等因素对企业环境责任的影响。首先，从组织内部属性出发，Dou 等（2017）关注了所有制形式对企业环境责任的影响，包括外国跨国公司和当地子公司、国有企业和非国有企业、全球跨国公司和当地连锁公司、家族企业等。其次，从战略动机出发，现有研究基于利益相关者理论并认为企业通过与利益相关者建立并维持良好关系来获取社会资本、声誉、特权优势等稀缺资源（Babiak 和 Trendafilova，2011）。Idemudia（2007）认为，企业践行环境责任是为了提高政治合法性，从而建立良好的政治关系并获取政治资源。其他利益相关者的期望和当地公众的需求包括政府提供公共服务（Arora 和 Kazmi，2012；Cash，2012）、改善社会经济资产和可持续发展（Chaklader 和 Gautam，2013；Dougherty 和 Olsen，2014；Shaaeldin 等，2013）等。Hamann 等（2017）也认为，合法性是中小企业环保行为的重要动机。Roy 等（2013）研究发现，中小企业的环境责任动机主要包括客户主张、利益相关者价值、创始人特性和业务动机。此外，Zhang 等（2010）、Lee 等（2018）、Lin 和 Ho（2011）研究发现，广告强度、组织支持等因素会影响企业社会责任和环境行为。简言之，区别于制度层面的研究，组织层面的研究强调了企业的主动性和战略性，认为企业环境责任行为主要源于提升财务绩效的战略动机。

2.1.3.2 企业环境责任的结果产出研究

大量学者关注了企业环境责任的影响结果，从企业财务绩效、团队绩效、商业机会、技术创新等方面开展了实证研究，探讨其对组织绩效及行为的影响。

首先，现有研究分析了企业环境责任和财务绩效的关系（Barnett，2007；Oikonomou 等，2014；Wang 和 Choi，2013），但研究结论却不一致（Mellahi，2016；范培华，2015）。在混乱的研究结果下，部分学者跳出"环境责任—财务绩效"这一直接关系的分析框架，转而探索潜在机制并尝试打开内部的黑匣子。例如，现有研究从消费者感知（Luo 和 Bhattacharya，2006）、融资途径（Madsen 和 Rodgers，2015）、政治资源的获取（Frynas 等，2006）、改善利益相关者关系（Hillman 和 Keim，2001）等方面，试图揭示内部作用机制（Babiak 和 Trendafilova，2011；Hamann 等，2017；Idemudia，2007）。

其次，现有研究还关注了企业环境责任对其他组织层面因素的影响。例如，研究发现，企业环境责任有利于改善企业声誉，帮助企业实现长期商业利益（Henisz 等，2014；Zheng 等，2014；Zheng 等，2015）。Claasen 和 Roloff（2012）指出，企业环境责任行为有利于在利益相关者中建立本地合法性，从而提升组织的社会绩效。Ahmad 和 Ramayah（2012）、Goyal（2006）研究发现，企业环境责任可以为企业带来创业机会和外商直接投资等商业机会。Cai 等（2016）研究发现，企业环境责任有利于降低运营风险。另外，在技术创新方面，Shu 等（2016）研究发现，企业绿色管理有利于促进突破性创新，且政府支持和社会合法性分别作为正式的制度和非正式的制度，在绿色管理和突破性创新之间起着重要的中介作用。

最后，其他研究关注了企业环境责任对团队与个体的影响。在对员工和团队绩效的影响方面，Albdour 和 Altarawneh（2012）、De Roeck 和 Delobbe（2012）、Flammer 和 Luo（2017）研究发现，企业环境责任行为能够提高公司员工和团队绩效。De Roeck 和 Delobbe（2012）研究表明，员工对企业环境责任的感知越强，员工组织认同性越强，从而有利于提高员工的个人绩效。Flammer 和 Luo（2017）研究发现，企业可以将环境责任作为一种战略管理工具来促进员工积极性并消除不良行为。Nyilasy（2014）研究发现，环境绩效有利于提高消费者对品牌的态度和购买意愿，而绿色广告负向调节上述关系。

2.1.3.3　企业环境责任的情境因素研究

现有研究对企业环境责任的前因与结果展开了讨论，鉴于样本多样、理论基础不同等原因，最终呈现出结论不一致的现象。在拨开企业环境责任研究迷雾的过程中，学者尝试从外部环境、组织和个体三个层面厘清企业环境责任的研究框架。

在外部环境层面，Helmig 等（2016）探索了市场动态性在企业环境责任和市场绩效关系中发挥的调节作用。制度理论还探索了政府关系和规则的调节作用（Lyu 等，2014；Young 和 Makhija，2014）。Hillman（2005）研究发现，企业和政府之间相互依赖的程度能够影响企业环境责任和绩效之间的关系。Lyu 等（2014）则指出，企业和政府的相互依赖关系直接影响企业社会责任，而政府对于其他利益相关者的显著性可以调节上述关系。Arya 和 Zhang（2009）认为，企业社会责任战略和股票回报之间的关系受到了管理体制改革的调节。Hou 等（2016）发现，企业社会责任实践和财务绩效之间的关系受到了经济发展状况的影响。

组织层面的权变因素主要包括组织规模、企业研发与战略导向等。Knox 等（2005）认为，组织规模是企业环境责任影响财务绩效的重要调节因素，而 Hou 等（2016）研究发现，企业层面的情境因素包括企业规模、组织所有权等。Barnett（2007）引入利益相关者影响能力这一重要调节因素，揭示了企业环境责任动态影响财务绩效的内在机制。Wang 和 Bansal（2012）认为，社会责任活动对新创企业可能存在消极影响，而长期战略导向能够减弱社会责任活动的负面影响。Dou 等（2017）研究发现，长期战略导向发挥中介作用，而承诺能够正向调节家庭所有制对企业环境责任的影响。Muller 和 Kraussl（2011）发现，企业不承担社会责任会负向影响股票回报，且企业声誉和地位会负向调节上述关系。Jia 和 Zhang（2013）发现，政府所有权、财务状况、投票集中度等因素对企业社会责任具有调节作用。Nyilasy（2014）从漂绿（Greenwashing）的视角揭示了绿色广告的调节作用，指出企业环境绩效越低，消费者的品牌态度和购买意愿越低，而绿色广告会恶化这一关系。

在个体层面，现有研究主要分析了高层管理者特质对员工特质的调节作用。Chin 等（2013）指出，自由主义和保守主义等 CEO 特质会在企业环境责任和财务绩效之间产生调节效应。De Roeck 和 Delobbe（2012）发现，感知企业环境责任能够促进员工对组织的认同与信任，而员工的社会责任感知能够显著地调节上述关系。

2.1.3.4 研究框架总结

通过相对简单的文献梳理，本书的研究框架如图 2-1 所示。图中清晰地展示了企业环境责任的前因变量因素、结果产出，企业环境责任包括制度、组织与个体三个层面。此外，图中实线表示现有研究已经涉及的内容，虚线表示尚未涉及或研究不足的内容。

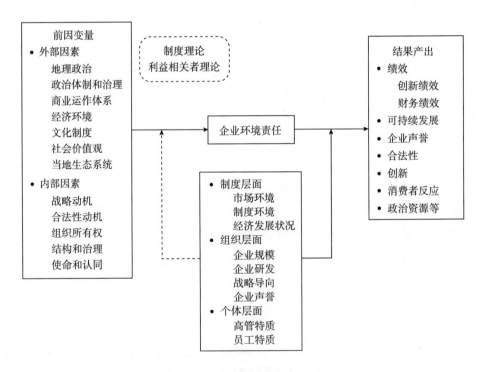

图 2-1　企业环境责任研究框架

资料来源：根据 Aguinis 和 Glavas（2012）整理。

2.2 战略认知视角及其相关研究

2.2.1 战略认知的理论发展

2.2.1.1 组织认知的相关研究

组织认知研究源于学者对外部环境下组织反应的思考。组织认知的观点认为环境并非完全外生，而组织对环境的反应与管理者对环境的认知密切相关。March 和 Simon（1958）认为，组织对环境的理解源于管理者的认知局限性，组织通过此类认知模式来理解外界。而 Knight（2012）的环境不确定学说则认为，即使管理者有强大的认知与分析能力，也无法解决环境的不确定性。本质原因是环境的结果是未知的，组织无法利用认知模式来预测未知的环境。上述两种观点的基本假设都认为环境可以被内化，并认为认知框架是管理者理解环境的手段，而这种认知形成了组织的战略选择（Daft 和 Weick，1984）。认知观点强调决定组织结果的不是结构特征，而是内部管理者的选择和行动来影响组织行为。无论是关注组织对环境的反应，还是关注组织管理者的行为，都解释了战略选择和行动是有限理性下的效用最大化。Stubbart（1989）认为，大部分战略管理理论都隐含着组织的管理认知与解释，而这一观点为战略管理领域的认知研究奠定了基础。

在相关研究脉络上，学者首先证实了认知框架的存在，其次对认知框架的准确性进行了评估，最后建立了认知和战略结果之间的联系。为了证实认知框架的存在，March 和 Simon（1958）基于有限理性认为，认知框架是客观存在的，同时试图探究管理者的观点如何准确地代表潜在的竞争格局。基于该观点，任何不准确的地方都是由于认知偏见造成的（Kahneman 和 Tversky，2013）。此外，基于芝加哥地区银行的数据，Reger 和 Huff（1993）对组织的感知差异进行分组，发现了三种不同的战略认知群体。该结论得到了行业内的普遍认可，同时也验证了认知框架的存在。Porac 等（1995）研究发现，鉴于信息不对称，大公司的可见度更高，因此更容易被视为竞争对手，而小公司正相反。该研究进一步将对竞争的解释扩展到对环境其他方面的认知。

在认知框架的准确性评估方面，不同领域学者开展了多元研究。Milliken（1990）对学院管理人员进行调查，观测他们对环境变化的感知，结论表明管理人员对组织特征的评估影响他们对环境不确定性的感知。Fiol（1990）通过对化学公司股东的研究发现，尽管股东们所处的市场环境较为相似，但他们对外部约束的感知却存在显著差异，这一发现对认知框架的准确性研究奠定了基础。Sutcliffe（1994）的调查研究确定了管理者感知环境不确定的准确程度，并将管理者感知与财务数据标准度量进行了比较，结果表明工作历史、团队任期、团队集中度等团队特征会导致管理者认知的不准确。为解决认知准确性问题，Gavetti 和 Levinthal（2000）利用计算机模拟对复杂的认知框架建立数学模型，并假设认知框架的准确性与结果高度相关，仿真模型表明管理者的经验学习会导致认知框架的变化，而这些变化又影响他们对环境理解，进而改变战略选择与行为。

然而，学者更多关注的是认知框架对结果的影响。Meindl 等（1994）指出，战略研究应阐明认知、行为和组织结果之间的联系，仅陈述管理者认知框架是不够的，须证明认知框架与组织行动和结果的联系。Porac 等（1989，1995）发现，管理者的认知框架与企业的战略选择、行动模式之间存在相关性。为了明确因果关系，Plambeck 和 Weber（2009）采用纵向研究开展了两阶段的调查，考察了德国 CEO 对欧盟的认知与随后的组织行动之间的关系。Kaplan 等（2003）调查了15 家制药公司在 20 年内对生物技术的反应，发现生物技术专利的获取与管理层认知的变化有关。上述此类研究探索了管理认知框架的存在，并分析了认知框架对战略行为和绩效的重要作用，为战略认知理论奠定了基础。

2.2.1.2 战略认知的内涵和发展

战略认知的概念可以追溯到 Schwenk（1988）的研究，并由 Hodgkinson 和 Thomas（1997）正式将认知视角引入战略管理。由于战略决策者的有限理性，战略决策主要取决于决策主体的认知倾向。而战略认知则被定义为决策主体对战略问题的认知，是决策者在面对战略问题时的复杂心理活动。Porac 和 Thomas（2002）提出，战略认知结构包括高层管理者对环境、战略、业务组合和组织现状的一种信念，研究关注认知结构与战略形成及实施之间的关联，并认为认知结构会在甄别和选择的过程中形成传达意义，从而促进战略形成和实施。简言之，该视角认为组织战略的形成可归因于战略的认知结构和过程，而这种战略认知可成为企业竞争优势的重要来源。

战略认知领域的研究可从个体、团队及组织层面进行阐述。在个体层面，主要关注在特定的战略环境中，企业高层管理者认知结构和认知过程对组织战略的影响（Helfat 等，2015）。在团队层面，则侧重于关注高层管理团队的认知基础和价值观对企业战略选择的影响。由于高层管理团队在认知结构和过程上存在差异，该领域的研究主要探讨了战略认知共享的积极作用（Hambrick，2007；Lubatkin 等，2006）。在组织层面，认为战略认知能够在一定程度上解释组织绩效（Nadkarni 和 Narayanan，2007）。在初创企业或 CEO 高度集权的组织中，高管团队和组织的认知主要体现为 CEO 个体的认知（Gupta 等，2018）。而随着组织规模的变化，CEO 的个体认知在组织战略形成中的作用并不稳定，因此有必要进一步分析企业层的战略选择问题。

战略认知理论已为企业战略变革等研究提供了重要的理论支撑，并逐渐发展为独立的战略管理学分支，为战略管理问题带来启发式思考。区别于代理理论，战略认知理论将认知视为一组干预因素，分析了领导者和高管团队特征对组织层面结果的影响。此外，战略认知研究关注认知结构、认知过程和组织结果之间存在的系统性联系（Meindl 等，1994）。Narayanan 等（2011）详细地分析了战略认知的前因、结构、过程与结果之间的关系，并将其进行整合，构建了战略认知过程的框架，这为战略认知研究提供了极其重要的理论视角。

2.2.2　战略认知过程的框架

战略认知的过程构成主要包括结构与过程。结构是指稳定的特征和重复性的行为模式，而过程是指组织内发生的认知活动。战略认知过程框架如图 2-2 所示。

2.2.2.1　前因变量

根据 Rajagopalan 等（1993）的研究，影响战略认知的前因变量可分为以下四种类型：外部环境因素，如环境动态性、产业特征等；组织内部因素，如组织经营范围、组织规模等；个体因素，如决策者的教育背景、经验、决策风格、个性特征等；决策特有因素，如决策的紧迫性与复杂性等。

2.2.2.2　认知结构

认知结构中涉及的概念主要包括组织认同、战略框架和组织路径。组织认同是指成员对组织核心和组织特征的理解，侧重于对组织层面的分析。而相关实证

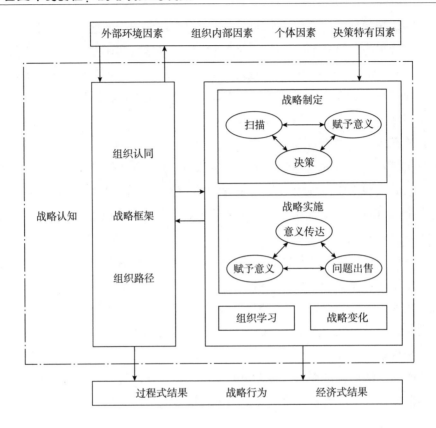

图 2-2　战略认知过程框架

研究关注的重点则集中在组织认同的发展、认同冲突以及创造机制等方面。

　　战略框架是指导战略决策的知识结构（Huff，2005），是对个体赋予信息形式和意义的认知模版（Walsh，1995），并在战略形成过程中发挥着过滤信息的作用。基于管理认知理论的发展，与战略框架相关的实证研究取得重大进展。个体层面的分析通常涉及企业 CEO 或独立部门的负责人，业务策略被描述为认知地图（Barr，1998）。团队层面侧重于关注高管团队，并将企业战略视为一种主导逻辑，是在多元化公司中占主导地位的共享地图（Krogh 和 Roos，1996）。企业层面的研究更多分析战略框架所代表的战略认知建构（Nadkarni 和 Narayanan，2007）。

　　组织路径是组织成员在参与执行组织任务时逐渐建立起来的重复性的行为模式（Feldman 和 Rafaeli，2002）。例如，成员们在执行同类型组织任务时，倾向于采用惯性思维。虽然行为决策理论已涉及路径问题，但 Feldman 和 Rafaeli（2002）首次将组织路径与战略认知联系起来。组织路径既可能来自组织认同的压力，也可能反映了组织中正式的决策程序。组织路径不涉及主动搜寻，这也是主流战略框架主导认知过程的基本设定。

2.2.2.3 认知过程

战略认知理论认为，组织战略是建立在组织认知结构基础上的，其本质是一系列决策模式（Mintzberg，1978），是包含搜索、赋予意义和制定决策在内的复杂活动。在战略制定阶段，上述活动均需围绕核心问题进行诊断和讨论。战略认知文献详细阐述了搜索和赋予意义的过程。Weick（1995）认为，赋予意义是一种在意想不到或非常规的情况下触发的社会活动。赋予意义是诊断中的关键，且具有不确定、相对模糊等特征（George 等，2006）。而扫描过程不仅受到战略框架的影响，而且也会对新战略框架的形成产生影响。Gavetti 和 Levinthal（2000）认为，前瞻性的扫描过程需要决策者具备行为和结果关系的认知地图，而回顾性扫描则是基于经验形成的。

战略实施的核心是中层管理者，中层成员接收高层传达的意义并按自身知识结构进行理解、协调并落实。为消除战略方向的不确定性与模糊性，最高管理层必须进行意义赋予等领导行为，阐明和解释组织战略（Gioia 等，1994）。然而，中层管理者和底层员工往往基于以往经验和当前组织认同，对事件及高层的行动和话语进行解释，进而可能产生偏差（Geppert 等，2003）。中层传达给基层时往往会侧重于强调自身喜欢的备选方案，从而影响战略实施，因此，中层管理者是问题出售的核心角色（Dutton 等，2001）。个人对问题的认识决定了计划的提出（Dutton 和 Ashford，1993），问题出售引导了组织在某个问题上时间和注意力的投入，从而导致了随后的行动和变化，因此会影响高层决策者的注意力（Ocasio，1997）。意义传达更依赖于向下交流，而问题出售更多涉及向上的影响和沟通。

此外，受到组织认知结构影响的其他认知过程还包括战略变化和组织学习（Narayanan 等，2011）。Rajagopalan 和 Spreitzer（1997）将战略变化定义为战略内容组合的变化以及由管理行为和认知视角产生的环境与组织条件的变化。变化与学习的区分主要取决于过程中是否涉及知识结构的变化。Halme（2002）揭示了认知层面的环境学习并非必然先于行为改变，而是发生在行为过程中。Huber（1991）指出，知识获取、信息分配、信息节食和组织记忆是与组织学习相关的四种结构和过程。类似地，March（1991）通过区分探索和应用，将这些学习模式与战略行为联系了起来。上述研究都为组织学习纳入战略认知研究提供了强有力的支撑。

2.2.2.4 结果变量

战略认知框架研究涉及三类结果变量：过程式结果、战略行为和经济式结果（Khan，2018；Miron-Spektor 和 Argote，2008；Nadkarni 和 Narayanan，2007）。过程式结果涉及决策的质量、速度及风险特征等；战略行为涉及竞争行为等外部性行为、资源分配等内部性行为及行动的时机等；经济式结果涉及股票市场反应、盈利和收入增长等。

2.2.3 战略认知视角对企业环境责任研究的启示

首先，战略认知视角有助于揭示企业践行环境责任的内在动因。以往文献更多从制度、组织与管理者的角度考虑企业环境责任的驱动因素，缺乏战略认知视角的考虑。鉴于决策主体的有限理性，战略认知理论认为，组织的认知倾向会显著地影响战略选择和行为。企业通过接收外部环境信息，结合自身认知对环境责任产生理解，并引导组织环境战略的制定和实施。例如，企业的可持续性发展要求决策者同时处理自然环境、社会福利和经济发展的问题（Hahn 等，2014；Yang 等，2018），他们对环境责任的理解会影响组织战略与行为。认知结构如同信息过滤器，允许某些信息进入战略制定过程，排除其他信息，决策主体为模糊的隐性信息赋予意义，最终引导组织进行战略回应（Weick，1995）。近年来，战略认知视角逐渐引起了企业环境责任研究学者的关注。Graves 等（2013）研究发现，环境变革型领导会促进组织和员工的环保行为。Wang 等（2015）发现，个人价值观、CEO 的慈善事业态度等组织认知基础会对企业社会责任产生影响。Tang 等（2015）发现，CEO 傲慢会阻碍企业承担环境责任。通过文献梳理发现，尽管战略认知理论为企业环境责任研究提供了新的视角，但仍未能深入分析企业对环境责任和财务绩效之间关系的冲突认知对企业积极践行环境责任的影响。

其次，战略认知视角有利于将悖论认知引入企业环境责任研究。悖论认知研究认为组织的悖论思维能够帮助识别潜在张力，处理好相互冲突且彼此关联的紧张关系（Smith 和 Lewis，2011）。例如，关于代际公平的呼吁迫使企业管理者需要同时考虑经济、环境和社会的平衡发展（Gao 和 Bansal，2013）。发展经济、保护环境、和谐社会，管理者在处理上述彼此依赖且又相互冲突的问题时，往往会采取单项选择，对任意一方的忽视都会产生风险。此时，管理者的认知框架如何理解此类多重目标，并采取适当的处理方式则显得至关重要（Maon 等，2008）。Smith 和 Lewis（2011）的悖论认知框架认为，决策者利用悖论思维更容易有效地接纳处于不同层次、以不同逻辑运作的矛盾，帮助组织采用包容与整合的方式管理悖论冲突（Hahn 等，2014；Smith，2014）。基于此，悖论认知框架可帮助企业理解"经济—环境"这对悖论，改变环保态度，提高践行环境责任的积极性。

最后，战略认知过程框架能够为理解悖论认知影响企业践行环境责任的过程机制提供重要的指导作用。根据战略认知过程框架，悖论认知作为一种认知结构，会通过影响认知过程，最后作用于战略行为（Narayanan 等，2011）。认知过程包括战略的制定和实施、组织学习和战略变化等，具体涉及扫描、意义赋予、决策、意义传达等内容。Hahn 等（2014）研究认为，悖论认知框架会影响组织决策者信息扫描、解释和决策三个核心过程，有助于企业有效地处理经济和环境问题。在扫描阶段，组织决策者认知能力有限，无法扫描和接收完整的信息，因此会选择性地注意符合他们认知框架的信息，而忽略与这些框架相矛盾的信息。在解释阶段，决策者同样依赖于认知框架来理解和评估组织战略问题，给信息贴上不同的标签，以便于接下来对问题的处理。在决策反应阶段，决策者同样基于战略认知框架，参考类似问题的解决方案来制订现有问题的处理方案。除此之外，战略认知理论认为环境是内生的，因此组织所处环境的变化会带来信息的更新，从而影响组织决策者的信息扫描、解释和决策的认知过程及相关结果。从这一意义来看，基于战略认知过程框架的分析有助于更清晰、完整地理解悖论认知对企业环境责任的作用机制。

2.3　悖论理论及相关研究

悖论普遍存在于组织管理中，组织管理者有必要了解悖论的内涵、悖论理论的发展并对悖论有正确的认知。因此，本节将针对上述要点进行文献梳理，为后续模型构建奠定理论基础。

2.3.1 悖论的内涵、框架和类型

2.3.1.1 悖论的内涵

悖论在管理学中的发展大约经历了三十年，而最初悖论的观点是起源于哲学和心理学。广义的悖论包含了很多不同的含义。古希腊的哲学家曾经将人类的存在看作是矛盾的，主要体现在生存与死亡、善与恶、自我和他人之间存在的张力。

心理学领域的学者最早开始关注悖论认知，研究张力对创造力和心理健康的影响（Rothenberg，1979），使用悖论疗法帮助需要客户面对内心的冲突（Harris，1996；Watzlawick et al，1974）。组织研究学者将悖论定义为嵌入在企业战略（Murnighan 和 Conlon，1991）或组织实践（Eisenhardt 和 Westcott，1988）中的冲突。悖论的本质是矛盾要素之间的张力关系，学者们给出的关于悖论的不同定义如表 2-2 所示。

表 2-2 悖论的定义

研究文献	定义
Cameron（1986）	悖论是指同时呈现、相互矛盾且相互排斥的要素
Cameron 和 Quinn（1988）	悖论是对明显冲突而又同时存在的要素的一种观察，是由个体通过反思与互动构建的事物，这些事物反映了两种截然相反的趋势
Eisenhardt（2000）	悖论是两种不一致状态的同时呈现，如创新和效率、合作与竞争
Lewis（2000）	悖论是一些相互独立、相互矛盾、彼此关联、具有合理性的要素，但这些要素同时出现会导致冲突
DeFillippi 等（2007）	悖论是导致矛盾或者反直觉条件的集合
Smith 和 Lewis（2011）	悖论是要素之间相互依赖且相互冲突，同时又长期共存
Li（2014）	悖论是两种互相对立的要素的共存关系，要素之间相互关联且矛盾
Guerci 和 Carollo（2016）	悖论包含了互相矛盾且有力论据支撑的分化的两极
Schad 等（2016）	悖论是存在于相互依赖要素之间的持续性矛盾

资料来源：根据庞大龙、徐立国、席酉民（2017）整理。

近年来，组织研究逐渐引入了悖论视角。组织中矛盾和张力的加剧，要求管理者提高效率、培养创造力、建立个人主义团队等行动来解决矛盾和张力。此

时，组织悖论被定义为组织中长期存在、相互依赖、彼此冲突且互补的因素（Lewis，2000；Smith 和 Lewis，2011）。例如，柔性与效率（Adler 等，1999）、探索与应用（March，1991）、合作与控制（Sundaramurthy 和 Lewis，2003）、经济利益与社会责任（Margolis 和 Walsh，2003）。这些因素看起来相互矛盾，但实际上是互相补充且相辅相成的。Cameron 和 Quinn（1988）认为，悖论视角下的组织不仅是两极分化的概念，而且是具有复杂性、多样性和模糊性的有机体。

2.3.1.2　组织悖论框架

Lewis（2000）总结了悖论的关键要素，阐明张力如何从两极分化的认知或社会结构中产生，实践者的防御反应如何强化悖论周期，以及实践者如何避免陷入通过认知和行为复杂性的恶性循环等问题。这为组织管理中悖论研究提供了理论框架。图 2-3 展示了悖论框架的三个组成部分，即张力、增固循环和管理。

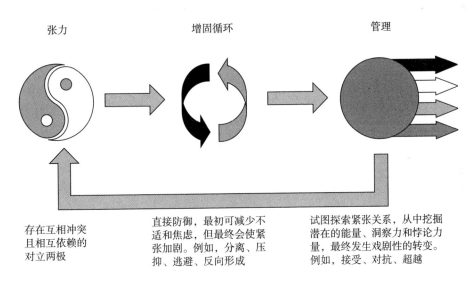

图 2-3　悖论框架

资料来源：根据 Lewis（2000）绘制。

首先，Lewis（2000）的悖论框架肯定了悖论张力的客观存在。强调悖论张力的两方面是相互冲突且彼此依赖的关系，其与两难困境或非此即彼的选择并不相同。例如，组织研究中的质量和成本、差异化和集成化、稳定性和变化、内聚和分割等，都属于悖论范畴。悖论正如东方哲学中太极的阴阳平衡，体现了由矛盾构成的自然整体，强调避免简单的区分。

其次，在应对上述悖论张力时，悖论循环往往是恶性的。尤其是当管理实践者试图解决悖论张力时，可能被困在强化的循环周期中，这种循环会延续并使张力变得更为严重。悖论张力会危及自我，产生焦虑，从而引发管理实践者的自我防卫行为（Schneider，1990）。虽然抑制矛盾并维持表象可以暂时降低焦虑感，但是在压制焦虑的同时也加剧了另一方面的压力。实践者的防御行为会由积极效果逐渐转变为相反后果，从而加剧了潜在张力。

最后，悖论管理的目标就是避免恶性循环，对传统观念行动进行反思，挖掘潜力。特别是在绩效导向的组织管理中，线性模型等研究结果会加重管理者"短视"。管理者需要意识到管理悖论的关键在于主动适应悖论张力的环境，并试图在紧张和焦虑中通过悖论的力量产生创造性变化（Eisenhardt 和 Westcott，1988）。

2.3.1.3 组织悖论的类型

随着组织悖论研究的发展，学者对悖论张力不断地进行梳理与总结，并归纳成几种类型。例如，Smith 和 Lewis（2011）描述了学习悖论、组织悖论、归属悖论和绩效悖论四种类型，并将组织管理研究中常常涉及的问题进行了归类。如表2-3 所示。

表 2-3　悖论的类型

悖论的类型	详细表现	研究文献
学习悖论	探索学习与应用学习	Andriopoulos 和 Lewis（2010），Lavie 等（2010），Raisch 和 Birkinshaw（2008），Smith 和 Tushman（2005）
	稳定与变化	Farjoun（2010），Graetz 和 Smith（2008），Klarner 和 Raisch（2013），Pentland 等（2011）
	短期与长期	Das 和 Teng（2000）
组织悖论	校准与灵活	Adler 等（1999），Das 和 Teng（2000），Gibson 和 Birkinshaw（2004），Smith 和 Tushman（2005）
	控制与自制/授权	Gebert 等（2010），Michaud（2014）；Sundaramurthy 和 Lewis（2003），Wareham 等（2014）
归属悖论	竞争主体	Ashforth 和 Reingen（2014）
	个体与集体	Deephouse（1999），Harrison 和 Corley（2011）；Wareham 等（2014）

续表

悖论的类型	详细表现	研究文献
绩效悖论	竞争与合作	Chung 和 Beamish（2010），Das 和 Teng（2000），Lado 等（1997）
	利益相关者的不同目标	Das 和 Teng（2000），Jay（2013），Margolis 和 Walsh（2003），Scherer 等（2013），Smith 等（2012）

资料来源：根据 Schad 等（2016）与相关研究整理。

学习悖论涉及探索学习与应用学习的张力、稳定与变化的张力以及短期与长期的张力。组织悖论检验了企业如何创造竞争性过程从而实现预期结果。例如，对员工的授权和控制。归属悖论强调了组织内个体和集体归属之间的张力。绩效悖论是指企业面临不同的内部和外部需求或者利益相关者对组织结果的理解存在不同时，必须要应对各种不同的目标和结果。

2.3.1.4 悖论的表现形式

研究悖论类型的文献强调了悖论的研究层面、研究领域及现象的多样性。这一范畴将悖论作为名词，在不同的元素之间形成了一种具体的、可识别的张力，并强调它们的矛盾和对立性。现存的研究剖析和描述了组织内部和跨组织的各种悖论。大量的研究运用悖论来描述在各种不同的背景下和分析层面上的张力，证明了这种视角的普遍存在。领域层面的研究从宏观的视角对悖论张力进行了探索，指出国家文化如何告知我们区分方法，或者在企业间关系中认识某些特有的悖论，如竞合张力。还有一些研究指出了在特定领域内存在的悖论，如学者和实践者之间的矛盾。组织层面的研究发现了嵌入在竞争的需求中的战略性悖论，如在双元型企业中探索和应用之间的张力，或者在社会型企业中社会使命和财务绩效之间的张力。研究进一步认识到了团队中的悖论张力，如团队创造力。在个人层面，研究描述了领导能力的相互矛盾的要素，包括协调活动和监管活动之间的张力、创新活动和代理新活动之间的张力、参与式领导和指导式领导之间的张力以及对下属一视同仁和鼓励下属的个性发展之间的张力。其他研究还描述了员工在日常工作中的张力，包括热情和利润之间的冲突（Besharov，2014）、变化和稳定之间的冲突以及学习和表现之间的冲突。还有一些研究指出，悖论张力同时存在于多个层面。

从宏观层面来看，组织层面的悖论包括合作和竞争、探索和应用、利润和目标、稳定和变化。从微观层面来看，个人或团队层面的研究主要关注的悖论包括新颖和有效、学习和绩效、自我中心和他人中心等。从现有研究来看，悖论的详细表现形式如表 2-4 所示。

表 2-4　悖论的表现形式

悖论的表现形式		研究文献
领域	学术和实践	Bartunek 和 Rynes（2014）
	组织间关系	Chung 和 Beamish（2010）；Das 和 Teng（2000）；Lado 等（2008）；Murray 和 Kotabe（1999）
	国家文化	Fang（2012）
组织层面	双元/变化/创新	Andriopoulos 和 Lewis（2010）；Farjoun（2010）；Klarner 和 Raisch（2013）；Raisch 和 Birkinshaw（2008）；Schmitt 和 Raisch（2013）；Smith（2014）；Smith 和 Tushman（2005）
	治理/战略	Dameron 和 Torset（2014）；Smith 等（2010）；Sundaramurthy 和 Lewis（2003）；Wareham 等（2014）
	社会型企业/社会责任	Jay（2013）；Margolis 和 Walsh（2003）；Smith 等（2012）
	认知/文化	Ashforth 和 Reingen（2014）；Chreim（2005）；Harrison 和 Corley（2011）；Lynn（2005）
	路径/实践	Orlikowski（1992）；Orlikowski 和 Robey（1991）；Pentl 等（2011）
团队层面	创造力	Andriopoulos（2003）；Rosso（2014）
	目标	Ellis 等（2013）；Murnighan 和 Conlon（1991）
个体层面	创造力	Miron-Spektor 等（2011）
	领导力	Denison 等（1995）；Gebert 等（2010）
	日常工作	Lüscher 和 Lewis（2008）
多层面		Andriopoulos 和 Lewis（2010）；Bradach（1997）；Schreyögg 和 Sydow（2010）

资料来源：Schad 等（2016）。

2.3.2 悖论理论的发展

2.3.2.1 权变视角和悖论视角

长期以来，管理学者采用权变视角来分析在不同情境下的企业管理模式以及识别出企业应该在何种条件下满足不同的且冲突的需求。例如，Tushman 和 Romanelli（1985）关于企业如何在探索和应用之间进行定位的情境研究。类似地，组织关注财务绩效还是社会绩效主要取决于该结果是否是最直接或最紧迫的优先事项（Jensen，2002）。

企业绩效的提升源于同时对多重对立力量的包容，而复杂的环境要求领导者必须应对冲突和组织张力，用悖论的方法来解决企业问题，以实现可持续发展（Smith 和 Berg，1987）。因此，悖论学者开始寻求企业如何支持相冲突的需求，并分析相应的结果。各领域的大量研究表明，可持续的高水平绩效来自同时对多重对立力量的包容。学界认为组织研究应走出"非此即彼"的争论，而趋向"两者兼有"。基于此，悖论学者开始分析企业对冲突需求的支持，并评估相应结果。

权变视角和悖论视角均属于元理论，不受特定情境、变量和方法的约束，均包含各自的理论性质、核心元素和中心概念。两种元理论视角的比较如表 2-5 所示。

Qiu 等（2012）强调权变视角的核心假设和理念是通过增加变量、融合相关理论，从而获得深层次的理解。该理论视角认为管理决策和突发事件的一致性对绩效有积极的影响，因此需要积极解决张力问题。这种"如何—那么"的匹配思维模式试图找出对立选择的优缺点，并在特定情境下做出最合适的选择。

然而，悖论视角认为张力普遍存在，且能推动组织可持续发展。该视角的前提并非通过匹配思维来解决问题，而是强调共存、接受和参与并在张力中生存和发展。悖论式思考需要整体动态的思维方式，探索应对持久性张力的协同可能性。随着悖论理论的发展，这个元理论也培养了越来越多的复杂性，因为越来越多的悖论研究者分析了不同层面、不同时间和不同现象之间冲突的相互作用，对悖论管理理论进行了不断丰富和完善（Smith 和 Lewis，2011）。因此，悖论管理视角成为跨多种管理理论的元理论工具。

权变视角和悖论视角在面对张力时提供了不同的理论指导和应对方式。例如，有关探索和应用的张力，权变视角认为解决方式是确定何时何地选择实施某一种战略。而悖论视角强调两种战略同时存在的双元关系，管理者需协调子单元间的相互作用并在两个战略之间寻求更全面的协同作用（Smith 和 Tushman，2005）。如表 2-5 所示。

表 2-5　权变视角与悖论视角对比

视角	权变视角	悖论视角
理论基础相关文献	Galbraith（1973） Lawrence 和 Lorsch（1967） Woodward（1965）	Cameron 和 Quinn（1988） Lewis（2000） Smith 和 Berg（1987）
张力形式	需要解决的离散的组织问题	挑战和推动成功的持久的力量
核心假设	匹配——管理决策和情境的一致性对绩效有积极的影响	共存——接受和参与使实践者在张力中生存和发展
首要问题	在什么情况下选择 A 或 B？	如何同时兼顾 A 和 B？
理念体系	"如果—那么" 形式逻辑；理性的决策	"同时—和" 悖论思维；整体和动态的决策
具体说明	探索—应用 按时间或地点进行分离 （Tushman 和 Romanelli，1985；Rosenbloom 和 Christensen，1994）	探索—应用 通过结构（Tushman 和 Smith，2002）、情境支持（Gibson 和 Birkinshaw，2004）、动态能力（Gilbert，2006；Teece 等，1997）等实现双元
	学习—绩效导向 根据情境进行选择（Dweck，1986）	学习—绩效导向 双重导向是组织可持续发展的关键 （Van Der Vegt 和 Bunderson，2004；Ghoshal 和 Bartell，1994）

资料来源：Lewis 和 Smith（2014）。

2.3.2.2　悖论视角的多领域研究

作为元理论，悖论视角可用于多重情境、理论、方法和变量中张力的应对和管理（Lewis 和 Smith，2014）。而学者也基于不同层面、不同时间和不同现象之间的冲突作用，对悖论管理理论进行了丰富和完善（Lewis 和 Smith，2014；Smith 和 Lewis，2011）。悖论视角的潜在假设、核心概念、相互关系的性质和边界条件等内容如表 2-6 所示。同时，悖论管理视角作为跨领域的元理论，在不同管理研究领域中也得以体现。

表 2-6 悖论理论和研究指南

核心元素	悖论视角
潜在假设	组织张力的本质：复杂、动态和不明确系统（如人类、团队、组织和社会）之间的相互作用
	悖论的构建：当实践者将元素两极化，忽视或掩盖它们的相互依赖关系时，悖论张力就在认知和社会上被构建起来
	焦点悖论：矛盾且关联的元素同时存在，并随时间的推移而持续
核心概念	防御性反应：在认知、行为或制度上进行抵抗，从而暂时避免或减少紧张的负面影响
	战略性反应：制定管理决策来进行对抗
	理想的结果：在持续迭代的过程中，包容紧张关系，实现绩效的可持续提升
相互关系的本质	增固循环：通过迭代动力学联系起来的核心概念
	恶性循环：强调两极中的一方，采取防御反应，导致对立压力并恶性循环
	良性循环：接受并包容悖论，激发创造力和学习能力，促进协同效应，使系统在张力中成长
临界条件	复杂性：悖论理论更多地适用于复杂情境、环境条件或企业性质
	目标：悖论理论在组织寻求多重目标时则更加适用

资料来源：Lewis 和 Smith（2014）。

在公司治理研究中最常见的悖论关系是董事会和高管的关系，学者们主要关注治理机制处理董事会和高管的关系。Sundaramurthy 和 Lewis（2003）从悖论的视角探讨了控制和协作两种共存且冲突的治理机制的作用。一方面，基于代理理论指出，董事会利用控制机制对高管进行监督和管理，从而有利于遏制机会主义行为的发生；另一方面，基于管家理论强调董事会和高管协作的积极潜能，有利于激发领导者的内在动机，利用更有创意的方式来解决问题。以往研究常将控制和协作作为两种相互矛盾的治理机制，而悖论视角更关注二者之间的依赖性和持久性。Sundaramurthy 和 Lewis（2003）进一步强调，面对董事会和高管的紧张关系，选择极端的治理机制容易导致组织进入恶性循环。

战略管理研究中最常见的紧张关系是探索和应用，被一些学者称为双元理论。一类观点是分离观，即将探索与应用进行分离。例如，组织在内部进行应用，如渐进性创新；在外部进行探索，如通过战略联盟与企业并购等行为进行大胆探索。另一类观点是平衡观，认为组织应该同时追求探索和应用的能力，从而获得长期绩效（O'Reilly 和 Tushman，2008；Raisch 和 Birkinshaw，2008）。悖论视角试图从依赖分离的方法向更加整合的方法转变，促进探索和应用之间的协同作用（Andriopoulos 和 Lewis，2010；Raisch 和 Birkinshaw，2008）。

在现有的领导力研究中也存在不同类型领导力之间的紧张关系（Van Knipperberg 和 Sitkin，2013）。例如，Smith（2014）发现，当领导者在探索、应用及二者整合之间进行反复的动态决策时，有助于领导者对创新张力进行管理。Denis 等（2001）的多案例研究也有趣地发现，管理者在强势型领导风格与赞许型领导风格之间进行灵活转换，有助于领导者在组织变革期间应对稳定性和适应性之间的张力。Smith 等（2012）提出的悖论式领导就是指能够应对相互矛盾但相互依存的社会和商业需求的领导风格。在 Smith 等的基础上，Zhang 等（2015）通过实证研究发现，悖论式领导和企业长期发展紧密相关，且引领了后续大量的关于悖论式领导的研究。

上述不同领域的研究说明悖论作为研究视角，在推进理论发展于拓展研究领域方面所做出的贡献。悖论视角可以解决错综复杂的组织挑战，激发创造性理论的发展，并提出有效的"两者兼有"的管理策略。在过去的二十年里，悖论视角在多个学科的运用越来越丰富、多样和复杂。如今，不同主题、不同理论和不同分析层面的悖论研究数量正在迅速增长。

2.3.2.3 悖论管理研究

通过文献梳理发现，近二十年来的悖论管理研究可以分为三个方面：首先，学者对悖论的性质与表现进行了重点分析，包括宏观层面的组织间竞争与合作关系（Chung 和 Beamish，2010；Das 和 Teng，2000；Raza-Ullah 等，2014）、不同国家文化的张力（Fang，2012）等；组织层面的探索和应用（Andriopoulos 和 Lewis，2010；Raisch 和 Birkinshaw，2008；Smith，2014）、社会责任和财务绩效（Hahn 等，2014；Jay，2013；Smith 等，2013）等；团队层面的循规蹈矩和关注细节（Miron-Spektor 等，2011）、创新和约束（Rosso 等，2014）等；个体层面包括了领导者协调和监控（Denison 等，1995）、参与型领导和指向型领导（Gebert 等，2010）、一视同仁和鼓励个性（Zhang 等，2015）等。

其次，关于悖论应对方式的分类研究。Poole 和 Van de Ven（1989）经过文献梳理与分析，系统地提出了四种应对组织悖论的方法：对立处理、空间分离、时间分离与合成处理。这四种方法在不同情境下可以发挥不同的效果。然而，目前关于这几类悖论应对方式的研究仍处于理论探索层面，缺乏足够的数据予以实证检验。

最后，悖论影响结果的研究。悖论对组织结果的影响具有两面性（Lewis，

2000）：一方面，组织或个体在面对悖论张力时，其防御性反应往往是选择对立元素中的一方或逃避悖论。这种方式不能解决悖论张力，反而容易助长矛盾心理，引发混乱，造成不良后果（Ashforth 等，2014）。另一方面，有效利用悖论能够促成良性循环（Smith 和 Lewis，2011）、促进组织创新（Gebert 等，2010）、组织双元（Raisch 和 Birkinshaw，2008）、团队创造力（Miron-Spektor 等，2011）等。管理悖论意味着接受悖论张力的存在，打破恶性循环，捕捉悖论的积极潜力。而这一过程中悖论的思维能力是值得被关注的，企业的悖论认知显得尤为重要。基于此，本书梳理了悖论管理的研究框架，如图 2-4 所示。

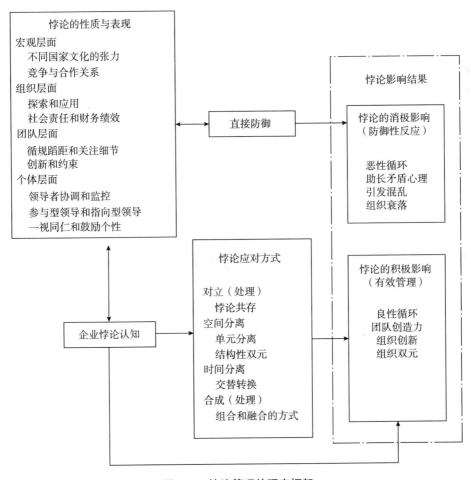

图 2-4　悖论管理的研究框架

资料来源：Schad 等（2016）。

2.3.3 悖论认知及相关研究

2.3.3.1 悖论认知的重要性

在很多组织悖论研究中，悖论被认为是与行为主体的认知紧密相关的（Briscoe，2016；Putnam 等，2016；Smith 和 Lewis，2011）。悖论张力普遍存在，但并非始终显现，只有行为主体识别到这种紧张关系时才能进行有效管理（Smith 和 Tushman，2005）。实践者认为这些悖论框架包含了"二者兼有"的逻辑，而不是"非此即彼"。悖论框架为处理矛盾的认知过程创造了基础。基于战略认知视角，悖论认知是指企业领导者或组织整体利用悖论思维，认识和接受对立紧张关系的认知结构和过程（Hahn 等，2014；Smith 和 Tushman，2005）。通过阐明悖论框架，区分相互冲突的对立元素，并将其进行有效整合，形成创造性的解决方案。Smith 和 Tushman（2005）认为，管理悖论冲突的本质在于认识并接受悖论认知框架和过程，并构建管理战略冲突模型。例如，传统战略思维会在惯性和一致性中二选一，而悖论认知框架可以克服组织惯性压力和个人一致性偏好。认知偏差会决定管理者对组织现状的理解，影响组织搜寻信息与最终决策的过程（Walsh，1995）。

2.3.3.2 悖论认知研究

悖论认知研究主要探讨了这一认知框架在组织悖论管理中的重要作用。Smith 和 Tushmman（2005）构建了管理战略冲突的模型，发现悖论认知从中发挥重要的作用。悖论认知包括认知结构和认知过程两个部分，认知结构指管理者对悖论张力的接受和包容，认知过程包括对对立元素的区分和整合。认知结构和认知过程共同构成悖论认知，帮助企业平衡战略冲突，并实现优异的长期绩效和创新绩效。Smith 和 Lewis（2011）在悖论管理研究的综述中，强调了悖论认知在悖论管理前期的重要作用，并明确组织悖论的内生性，具有悖论认知的主体更易识别组织悖论张力，从而促进主体进行悖论管理。Smith（2014）通过比较 6 个顶级管理团队关于进行探索和应用的数据，构建了动态决策模型，发现基于悖论认知形成的战略可以有效地发挥作用。Hahn 等（2014）的企业可持续认知框架视角认为，通过信息扫描、解释和决策三个核心过程，可以影响企业可持续发展战略的实施。此外，Miron-Spektor 和 Argote（2008）发现，个人和团队都可以从悖论认知中获益，悖论认知能够促进个人和团队创造力的提升。

尽管大量研究认为悖论是涉及行为主体的认知，但目前将悖论认知作为一种战略认知框架进行分析的文献并不多见。而基于悖论认知的概念，一些研究关注了具有悖论认知的领导者。Lewis（2000）提出的悖论式领导（Paradoxical Leadership），描述了战略灵活性的矛盾本质，而悖论式领导能够帮助企业实现战略灵活性。Zhang 等（2015）建立了悖论式领导的量表，并对整体思维、综合复杂性、有机结构/机械结构等前因和熟练行为、适应性行为和积极主动行为等结果进行了检验。Zhang 等（2017）通过悖论视角分析了企业可持续发展中嵌入的悖论，并在此基础上对悖论式领导进行了界定。国内也有学者关注悖论式领导，例如，刘善堂和刘洪（2015）发现，复杂环境会给领导工作造成不利影响，但悖论式领导可以有效地缓解这一消极作用；罗瑾琏等（2017）以中国情境下 85 个研发团队中 85 位团队主管和 397 位团队成员的数据为样本，检验了悖论式领导对团队创新的正向影响作用；付正茂（2017）发现，悖论式领导对双元创新能力和知识共享均具有显著的促进作用。

2.4　机会识别研究综述

2.4.1　机会识别及相关概念

从广义的角度来看，商业机会包括有利于促进企业生产、产品开发和市场开拓，能提高企业经济绩效，或有利于企业摆脱困境等方面的信息、条件和事件等。而狭义的商业机会是指创业机会。有些学者认为，创业机会必然存在创新。Companys 和 McMullen（2007）、Gaglio（2004）、Lee 和 Venkataraman（2006）等认为，机会是将新产品推向市场并获得利润的可能性；Sarason 等（2006）认为，机会是企业家设想或创造新的手段和框架的情况；而 Ardichvili 等（2003）、Dimov（2007）认为，机会是能够开发出一种新的商业形式的想法和创意。与此同时，还有学者认为，创业机会还包括模仿和改善的过程。例如，Casson 和 Wadeson（2007）、Dimov（2003）认为，机会是企业家对获得或实现利益的可行手段的感知；Chandler 等（2002）则认为，机会是企业家创造解决问题方案的能力；

Alsos 和 Kaikkonen（2004）认为，机会是以更好的方式服务客户的可能性；还有学者认为，创业机会是通过现有市场改善现有产品或服务以及模仿其他相似市场的有利可图的产品或服务（Singh，2001）。

机会是如何产生的？现有研究主要体现了两种观点：一种观点认为，机会是客观存在的，等待被主体发现或利用。也就是说，机会是一种客观现象，而企业家的任务就是发现这些机会，通过对信息的收集、处理和分析尽快发现机会，并且在其他企业家发现和利用这些机会之前采取行动，占据先动优势。另一种观点认为，机会原本是不存在的，需要主体根据外部环境和组织内部特点进行主观构建。不同于去搜寻并利用一个客观存在的明确机会，企业家需要通过学习不断积累经验从而最终形成机会。

根据机会的来源不同，Schumpeter（1934）认为机会是被发现的，Kirzner（1979）则认为机会是被识别的。Schumpeter 基于发现理论认为，机会源于新资源的组合，新组合的过程可以发现新的生产方式、新的方法或新的原材料。而 Kirzner 基于创造理论指出，市场需求和资源都是被制造出来的。Sarasvathy 等（2003）也充分讨论了机会识别、机会发现、机会创造三种观点，认为供求双方都存在明显的机会来源，必须"认识到"供求结合可能产生的机会，实现供需匹配。这种机会的概念与现有市场的利用相关，如套利和特许经营就属于机会识别。若供或求只有一方存在，不存在的一方必须先被发现再进行匹配，这种机会的概念与现有潜在市场的探索有关，如疾病治疗或新技术的应用都属于机会发现。若供与求都不存在，必须在市场营销、融资等方面进行创造，这种机会的概念与创造新市场有关，属于机会创造。

无论是被识别、发现还是被创造，机会的出现都涉及机会获得的过程。因此，为方便表述，下文除特别提到的机会相关过程外，均采用广义的机会识别来描述机会识别、机会发现和机会创造等过程。如表 2-7 所示。

表 2-7　三种机会识别视角

视角	匹配理论	发现理论	创造理论
机会的概念	为达到既定目标而善于利用资源的可能性	修正系统中的错误并创造达到既定目标新方法的可能性	创造新手段和新目标的可能性
关注	系统	过程	决策

续表

视角	匹配理论	发现理论	创造理论
方法	通过演绎过程识别机会	通过归纳过程发现机会	通过回溯过程创造机会
应用范围	当供需都显著存在时	当供或需仅有一方显著存在时	当供和需都不显著存在时
机会向量分布	机会向量等量分布	存在，但机会向量的可能性未知	机会向量的可能性完全不存在
信息的假设	整体和个体层面都有完全信息	在整体层面有完全信息，在个体层面信息不完全	整体层面信息不完全，且无知是机会创造的关键
期望的假设	在微观和宏观层面都有相同的预期	宏观层面同质预期，微观层面异质预期	微观和宏观层面都是异质预期
不确定性管理	通过多样化管理	通过实验管理	通过实行管理
竞争单元	资源竞争	战略竞争	价值观竞争
结果	风险管理策略	失败管理策略	冲突管理策略

资料来源：Sarasvathy 等（2003）。

此外，还有一些研究探讨了其他机会相关的过程。Davidsson 等（2004）将机会开发（Opportunity Development）界定为识别一种想法并将其转变为一种业务概念的认知过程。Casson 和 Wadeson（2007）等研究将机会搜索（Opportunity Scanning）界定为搜索机会的过程。Schindehutte 等（2008）将机会匹配（Opportunity Matching）界定为对机会供需进行匹配的认知过程。Shane（2000）认为，机会评估（Opportunity Evaluation）是指对组织所处环境机会存在的可能性进行主观评估的过程。Corbett（2005）认为，机会应用（Opportunity Exploitation）是指将搜寻或发现的机会进行商业化的过程。

如表 2-6 所示，机会识别研究的理论视角主要包括匹配视角（Allocative View）、发现理论（Discovery Theory）和创造理论（Creation Theory）三种，分别从不同情境设定阐述机会出现的过程。近期研究侧重于认为机会源于变化，包括客观环境的变化或社会建构的变化。DeTienne 和 Chandler（2007）认为，机会识别包含机会发现和创造两种过程，被识别的机会既可能客观存在，也可

·55·

能基于组织或个体的行为反应后被创造出来。还有观点将机会发现和机会内生融合到信息收集和分析的过程中，最终形成有价值的机会，这类学者认为机会源于环境、组织和个体等多层面的信息，并被市场有效利用（Vaghely 和 Julien，2010）。

2.4.2　机会识别的理论基础

2.4.2.1　匹配视角

新古典经济学理论讨论了市场配置、生产、协调和信息的效率特性。匹配视角下的机会研究主要关注市场配置效率及其对机会识别的影响，关注如何有效利用稀缺资源的问题。匹配视角认为，机会的本质是更好地利用资源的可能性。在平衡状态下，资源已经得到最优的分配，因此不存在机会。然而利润可以通过两种方式产生：首先，完全竞争市场处于不平衡状态时，存在获得短期利润的机会，但当新公司进入该市场时，机会便会消失。其次，获取信息涉及昂贵的搜索过程，而获得利润的机会就是信息的成本与收益之间的差额。该视角是以完全竞争市场为前提的。

Arrow（1972）提出，完全竞争市场中导致资源配置并非最优的原因有三个，即非专属性、不可分割性和不确定性。首先，在完全竞争市场中是否存在创新动机存在争议。Arrow（1972）认为，在完全竞争的市场中，创新的动机可能存在，但创新所含的信息并不存在。Schumpeter（1976）认为，创新需要大量资源和激励，公司创新倾向往往与规模和市场份额成正比。Nutter（1956）认为，欲望会驱使竞争性和垄断性的生产者进行创新，高额利润激励企业家引进新技术，而风险规避会迫使其选择谨慎或被动模仿。因此，非专属性会影响资源配置效率。其次，不可分割性是最优资源配置难以实现的第二个原因。Arrow（1972）认为，信息是不可分割的商品，在缺乏法律保护的情况下，所有者不能在市场上出售信息，但是这会导致社会效率低下，影响资源最优配置。最后，信息不对称会导致需求和供给的向下偏差和高度的不确定性。在此情境下，代理人需要对方对交易做出较大让步，而该做法会导致双方都意识不到交易中的机会。

整体而言，匹配视角关注的重点是系统，而非个人或企业，他们在技术和成本结构上是同质的。所有经济主体发现机会的可能性等同，因此机会识别是一个随机过程。该视角是一种理想的市场环境设定，并不适用于本书中由战略认知引导的对机会的认知过程研究。

2.4.2.2 发现理论

发现理论的前提假设认为，企业家的目标是形成和利用机会（Shane 和 Ven-katraman，2000），当市场中存在竞争缺陷时，机会就会存在。发现理论认为竞争缺陷源于技术、消费者偏好、市场环境等属性的变化。Shane（2003）详细说明了技术变化、政策规范变化、社会人口变化等可以破坏市场的竞争平衡，从而形成机会。这种外生冲击形成机会的观点为发现理论提供了支撑，说明其建立在科学哲学的现实主义假设的基础上。该理论认为机会是客观存在的，独立于个体或组织的行为观念，只是等待被发现和利用。此外，发现理论主要解释搜索过程，即扫描环境从而发现新机会。在搜索过程中，创业者必须同时考虑到搜索的方向和持续时间，同时还需要避免混淆本地搜索和全球搜寻。

发现理论认为，机会是由对行业或市场的外生冲击创造的，此类冲击是客观且可预见的，因此人们应该意识到冲击创造了机会。当然，若个体或组织都知道这类机会，并且都有足够的技能来利用这些机会，那么他们都可以尝试利用这些机会。在一个人人都可能意识到并利用机会的环境中，任何人都很难从实际生产的新产品或服务中获得足够的利润（Barney，1986；Schumpeter，1976）。因此，为了解释为什么和该行业或市场相关的某些个人或组织能够发现或利用机会，而其他相关组织没能发现或利用机会，发现理论必须假定那些能够发现或利用机会的组织或个体与其他组织或个体在发现机会方面有显著不同（Kirzner，1973；Shane，2003）。Kirzner（1973）用警觉性（alertness）的概念总结了它们之间的不同。在现有研究中也提出了一些和警觉性相关的潜在构成因素，包括信息不对称、不同的风险偏好以及认知差异等（Shane，2003）。这些因素中的任何一个或这些属性的任何组合，都可能导致与某行业或市场相关的一些组织或个体意识到外生冲击所创造的机会，而其他组织或个体对这些机会一无所知。

发现理论强调组织或个体选择利用机会的决策环境存在风险。若决策主体能够收集足够的信息来预测决策可能的结果及概率，当存在多个可能时，决策环境就存在风险。若决策主体无法获得上述结果，决策可能的结果和概率导致决策情境是不确定的。该理论假设机会是客观的，决策主体可以通过收集数据和分析技术来了解与机会相关的可能结果及可能性。由于组织或个体存在认知差异，所以发现机会所需的时间不同，对机会的感知程度也不同，特别是处于动态环境中的组织，能够快速发现机会才能为组织创造价值。

2.4.2.3 创造理论

创造理论同样认为机会来源于竞争缺陷，用于解释组织或个体为形成和利用机会而采取的行动（Gartner，1985；Shane，2003）。该理论认为机会并非外部冲击形成的客观现象，而是由组织或个体在探索新产品的过程中创造出来的（Baker和 Nelson，2005；Gartner，1985；Sarasvathy，2003）。机会被创造前与行业或市场的联系是未知的，因此，生产新产品的机会不一定存在于先前的行业或市场中。

在创造理论中，机会和组织的行动是不可分割的，无法通过他人获得，而是需要直接采取行动并观察市场对它们行动的反应，这时机会才会形成。机会创造是无法独立于组织或个体主观认知的社会建构（Sarasvathy，2003）。在利用社会构建的机会时，它们会依赖于认知与市场进行互动。当组织或个体与市场进行互动时，会根据对机会的认知行事。在观察市场反应时，认知会发生变化（Gregoire 等，2010）。例如，当发现对机会性质和范围的认知不合理时，组织或个体会在所学知识的基础上对机会形成新的认知（Gregoire 等，2010），通常会发现这些关于机会的附加信息是不合理的，随后修正自己的认知。创造过程依赖于路径，组织或个体的决策差异会随着时间的推移而产生差异（Arthur，1989）。该理论强调的是在机会创造的过程中所产生的信息和知识的重要性。

在发现理论中，行业或市场的外生变化是随机的，但在创造理论中，行动不一定是完全盲目的，因此造成的变化也不是随机的，而是带有某种目的或是智能的，从而触发了一个过程。因此，如果说机会发现的差异取决于主体对变化的感知和警觉性，那么机会创造的差异则更多依赖于主体的主观能动性，以及在事后对整个过程的认知。而在机会创造的过程中，主体的认知会发生改变，因此行动和认知是互动的。例如，组织或个体按着事前认知行事，然后观察市场反应，认知随之发生变化，主体获取了新的知识和信息（Arrow，1974）。这种创造过程是路径依赖的，组织或个体会在反复多次的行动中修正自己的认知和信念，实施不同的行动，观察市场不同的反应结果，再次修正认知，重复往返。由此可见，创造理论强调在创造机会的过程中所产生的信息和知识的重要性，组织或个体的学习差异会造成不同的机会利用结果。

创造理论的一个前提是必须阐明能够形成和利用机会的组织或个体与其他组织或个体之间的差异。首先，能够形成和利用机会的组织和个体与其他组织和个体并无差异，环境的微小变化能促使主体形成和利用机会。创造理论并不关注主体间事前的差异，而认为创造机会的过程会使主体间的差异变大。组织或个体在创造过程开始之前，其客观特征是无法区分的。随着时间的推移，创业组织或个体会发现过度自信、乐观主义等认知属性得到了积极强化。这个过程可能会在创造和利用机会的组织和其他组织之间产生显著差异。

此外，创造理论认为决策环境存在不确定性，机会需要被创造。在决定是否尝试形成机会时，需要了解相关结果及可能性的信息。虽然主题无法估计与决策相关的概率分布（Miller，2007），但在创造机会的过程中，组织或个体能够收集和分析发现机会的相关信息。此时，认知差异会影响与外部环境间的互动过程，因此决定了机会创造和形成的过程。鉴于决策环境的不确定性，通过创造机会来提升组织价值的过程会受到动态环境的影响。

2.4.3　机会识别研究框架

现有机会识别研究主要关注以下问题：①机会识别的前置因素，回答哪些因素促进或阻碍机会识别的过程；②机会识别对组织结果的直接影响，回答机会识别是否有利于组织绩效及发展的问题；③机会相关过程作用效果的调节因素分析，回答机会识别在不同的情境下如何影响组织结果的问题。

2.4.3.1　机会识别的影响因素研究

机会识别的影响因素是学者重点关注的问题之一，目前发现影响因素主要包括先验知识、社会资本、认知或个性特征、环境因素等。

第一，先验知识对机会识别具有重要作用。Shane（2000）认为，先验知识包含市场知识、服务市场方式和客户问题三个维度，各维度的知识有利于促进个体识别和发现机会，进而满足潜在市场需求。例如，Kourilsky 和 Walstad（1998）指出，以往信息和认知能力有利于组织发现。还有研究基于资源或知识视角认为，创业者过往的隐性知识、概念理念和知识组合有利于在国际市场发现机会（Mejri 和 Umemoto，2010）。

第二，社会资本被认为是机会识别研究中的重要影响因素（Ma 等，2011）。社会资本能提供稀有资源，帮助创业者利用机会（Fuentes 等，2010）。有研究提出，创业者通过弱关系联系比强关系联系更易获得信息（Kontinen 和 Ojala，2011）。而 Hite（2005）从关系嵌入的视角提出，强关系能提供重要的战略机会和创业资源。组织或个体拥有的强关系越多，获取和识别的资源和机会就越多

（Ellis，2011）。

第三，认知或个性特征对机会识别有重要影响。个体创造力、自我效能感、承担风险的倾向、取得成就的需要、独立的需要等因素都会影响机会识别（Ardichvili 等，2003；Baron，2006；Tominc 和 Rebernik，2007；Nicolaou 等，2009）。Tominc 和 Rebernik（2007）发现，自我效能感可以激发创业者追求更高目标，抗风险能力高、不惧失败、处变不惊的个体更容易感知机会（Foo，2011；Li，2011）。高智力和创造力对于识别机会更重要（Nicolaou 等，2009）。Shane 等（2010）认为，好奇、想象力和开放式思维都是识别机会所需的重要品质。另外，大量研究对警觉性进行了探讨（Fischer，2011），当警觉性较高时，无须主动搜寻，仅通过观察现象就能识别机会。企业家与非企业家在创造价值方面的灵敏性存在差异，因而寻找信息和识别机会的过程也不同（Dyer 等，2008）。

第四，环境因素也会影响组织或个体的机会识别，具体包括经济增长、社会政治环境、地理位置和文化价值等。科技、社会习俗、政治环境和人口状况的变化会产生大量信息，这些信息有助于发现或创造机会（Schumpeter，1934；Shane 和 Venkataraman，2000）。Tang（2010）研究发现，人力资本、社会资本和社会技能可帮助企业家弥补制度缺失，进而发现机会。Webb 等（2012）分析了处于金字塔底部的国家，发现企业家可通过市场活动缓解制度问题，从而发现商机。

还有一些其他因素存在影响，例如，Fiet（2007）发现高度警觉的企业家经常能发现机会，而警觉性较差的企业家也可通过系统搜寻发现机会。学习理论研究发现，教学课程能提高机会识别（Kourilsky 和 Esfandiari，1997），而学习方式以及学习不对称性对机会识别能力的影响存在差异（Corbett，2007）。Welpe 等（2011）认为，对成功及回报的预测能够促进组织利用机会。Hurmerinta 等（2015）关注了语言技能对国际机会识别和利用的影响。Guo 等（2016）研究发现，探索导向会正向影响机会识别，并促进企业商业模式创新。上述研究分别从不同层次、不同角度分析了机会识别的前置影响因素。

2.4.3.2 机会识别的绩效产出研究

现有的机会识别对组织结果影响的研究主要集中在企业绩效。例如，Wang 等（2013）发现，企业家机会识别对创新绩效的积极影响。Sambasivan 等（2009）发现，机会识别能力有利于提高企业绩效，而警觉性作为一种机会识别能力，在个人品质和企业绩效之间起中介作用。Guo 等（2017）基于 155 家中小企业的数据发现，机会识别未必能直接促进企业绩效，而是通过推动企业商业模式创新来提升企业绩效。Gruber 等（2008）发现，连续创业者首次进入公司之前所识别的市场机会数量与新公司绩效之间是非线性关系。Gielnik 等（2012）发现，尽管商业机会对企业成长有积极的影响，但机会产生的数量与企业成长之间不存在显著关系。此外，Tihanyi 等（2003）发现，技术机会将加剧机构投资者和董事会对国际多元化战略的正向影响。

2.4.3.3　机会识别的情境因素研究

除了机会识别的前因与结果，现有研究对前因变量影响机会识别时的情境因素进行了实证检验，主要分析了个体与环境两个层面的权变影响。在个体因素方面，Welpe 等（2012）探索了害怕、高兴和生气三种个体情绪在上述关系中的调节作用。McAllister 等（2018）发现，机会识别、机会评估、机会资本化在影响结果的过程中，政治意愿、人际影响和明显诚意等政治技能起着重要的调节作用。而 Grégoire 和 Shepherd（2012）的研究表明，技术市场组合的相似性会影响机会形成，而先验知识和创业意向能够调节上述关系。

在环境因素方面，主要从市场环境、文化环境等角度进行考虑。例如，Maine 等（2015）探讨了未知技术、市场环境、已知监管和资金限制的调节作用。Ma 等（2011）检验了民族文化情境对社会网络影响机会识别的调节作用，研究发现关系强度和结构洞对机会识别的交互效应在不同的文化背景下存在显著差异。Hurmerinta 等（2015）在研究语言技能对国际机会识别的影响时发现，商务英语的出现降低了语言技能的作用。虽然学者对情境因素进行了考虑，但是对于新兴经济体等不同制度环境、经济环境、文化环境的分析仍有待挖掘。

2.4.3.4　研究框架总结

基于上述内容，本书对机会识别的现有研究进行了总结，主要框架如图 2-5 所示。图中展示了机会识别过程的内容、前因变量、绩效产出与相关情境变量，包括个体因素和环境因素。图中实线部分表示现有研究已经涉及的内容，而虚线表示尚未涉及或研究不足的内容，文献评述详见第 2.5 节。

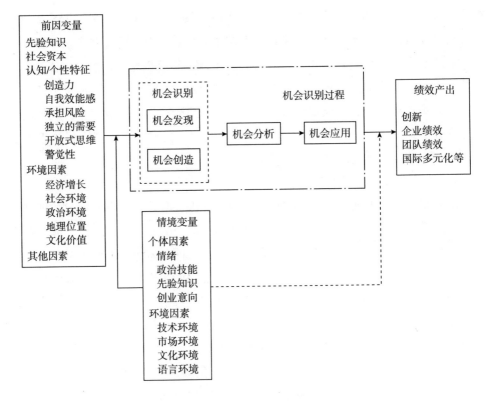

图 2-5　机会识别研究框架

资料来源：根据 George 等（2016）和相关文献整理。

2.5　现有研究述评

2.5.1　企业环境责任研究述评

企业环境责任已受到大量学者的关注，在企业环境责任的驱动因素、绩效产出、情境因素方面都有涉及，但是仍存在以下问题亟须解决：

第一，缺乏从全面视角来解释企业践行环境责任的根本原因。现有的大部分研究仍然基于制度理论和利益相关者理论来分析。例如，制度理论解释企业环境责任实践的驱动因素源于政治制度、商业经济体系、文化环境与自然生态系统等外部宏观压力（Amaeshi 等，2006；Boudier 和 Bensebaa，2011；Knudsen，2013；Lin，2010；Mitra，2012；Raufflet，2009；Robertson，2009；Sharma，2011）。该视角强调了环境的强制性和引导性，认为企业环境责任作为被动行为需要牺牲财务绩效，因此环境责任与财务绩效是冲突关系。而利益相关者理论解释企业环境责任的驱动因素源于内部战略动机与合法性动机，包括获取政治合法性、提升企业声誉、利益相关者价值、内在使命驱动等（Arora 和 Kazmi，2012；Babiak 和 Trendafilova，2011；Cash，2012；Ceha，2013；Dougherty 和 Olsen，2014；Font 等，2016；Griesse，2007；Hamann 等，2017；Idemudia，2007；Lee 等，2018；Roy 等，2013；Shaaeldin 等，2013）。该视角强调了组织的主观性和战略性，认为环境责任属于企业战略手段，通过与利益相关者建立关系获得合法性、声誉等资源，促进企业经营发展，因此环境责任与财务绩效是相互依赖的关系。上述理论视角的解释差异引发了学者的深入思考，近期研究认为企业环境责任和财务绩效之间是共存依赖且相互矛盾的关系（Hahn 等，2014；Smith 等，2013），这一观点综合了制度理论和利益相关者理论的解释，企业可采用该方式接受两者的矛盾关系，利用悖论视角来认识环境责任的本质，即悖论认知。基于此，为了全面理解企业践行环境责任的根本原因，有必要从悖论认知的角度探讨环境责任与财务绩效之间的复杂关系，该视角也正是以往研究所忽视的。

第二，需要进一步探索驱动因素对企业环境责任的影响过程和机制。现有研究较多关注内外部驱动因素对企业环境责任的直接影响，对于前因变量的作用机制缺乏深入分析，致使前因作用不够明晰。在企业悖论认知影响环境责任的过程中，战略认知结构基础上所形成的认知过程和战略行为，对企业践行环境责任发挥着重要作用，有助于更全面地理解悖论认知影响企业环境责任的过程。特别是在转型经济背景下，外部环境中的绿色政策导向与内部的环保技术能力与企业环境战略行为息息相关（Groves 等，2011；Kolk，2016；Lin 和 Ho，2011），而在战略认知过程框架中，二者作为政策机会和技术机会与企业悖论认知有着不可忽视的联系。因此，政策机会和技术机会在企业悖论认知和企业环境责任之间的关系中是否承担着联系企业悖论认知和企业环境责任桥梁的角色，都是该领域研究亟须解决的问题。

第三，缺乏对企业环境责任驱动因素研究的情境考虑（Aguinis 和 Glavas，2012）。处于转型时期的国家，制度与市场环境存在不完善、执行效率低、发展不均衡等问题。企业环保行为在较大程度上依赖于政策导向和绿色技术，且受到外部制度和市场环境的影响。然而，在现有的关于企业环境责任的前因变量研究中，对于情境变量的关注不足，特别是在以转型经济国家为背景的研究中，制度环境和市场环境的重要作用没有被充分挖掘。因此，将制度和市场环境引入企业环境责任的驱动因素研究框架，能够弥补现有情境因素考虑的不足。

第四，企业环境责任本土管理研究的缺失。以往企业环境责任的研究大多基于西方的制度理论、利益相关者理论、信号传递理论、代理理论、资源依赖理论等，但多元研究结论揭示其无法适应转型经济背景下的中国企业。近年来，中国经济飞速发展，尽管国家发展战略始终强调可持续发展和绿色环保，但企业仍然面临制度不完善、法制不健全等问题，市场中的恶性竞争时有发生（Fan 等，2013）。因此，有必要进一步探索我国企业环境责任的本土特征。

本书通过图 2-6 展示了企业环境责任目前研究的不足与本书研究的着力点，能够更直观地显示了本书的文献基础与文献来源。

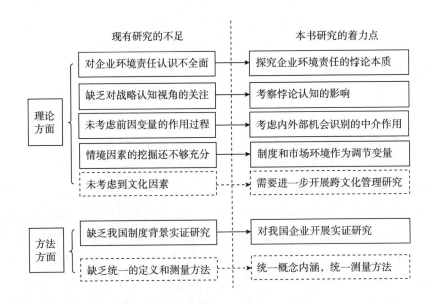

图 2-6　本书与企业环境责任现有研究的关联

注：黑色实线部分为本书的着力点，虚线部分为未开展的工作。

2.5.2 战略认知理论研究述评

虽然战略认知理论在企业战略管理研究中具有重要作用,然而通过文献回顾发现,目前该理论在企业环境责任相关研究方面仍存在以下不足:

首先,战略认知理论对企业环境责任研究的渗透不够深入。企业环境责任的主流研究更多地基于制度理论和利益相关者理论进行分析,战略认知视角近几年才引起学者的关注。现有战略认知理论研究强调了决策主体的有限理性,且认知结构和过程对决策具有重要影响(Narayanan 等,2011)。经过梳理发现,战略认知理论在企业环境责任的应用大多关注个体层面,如 CEO 或高层管理者认知特性的影响。对于企业而言,企业家或领导者的认知特性直接关系企业决策。现有研究认为,企业对环境责任存在两种不同的认知:一种认为企业环境责任和财务绩效相互冲突;另一种认为两者相互依赖。Smith 和 Tushman(2005)对悖论认知的定义引发了学者新的思考,引导学者对环境责任与财务绩效这对冲突且依赖关系的认知给予关注。特别是组织悖论认知差异可能会影响组织对企业环境责任的认知,从而导致不同程度的企业环境责任。尽管战略认知为企业环境责任研究领域提供了新的视角,但对于悖论认知在企业环境责任中的影响作用尚不明确,因此有必要从战略认知的视角深入探明悖论认知和企业环境责任的关系。

其次,缺乏将悖论认知作为战略认知结构进行分析。战略认知理论认为悖论是行为主体的认知(Bloodgood,2010;Briscoe,2016;Lúscher 和 Lewis,2008;Putnam 等,2016),虽然 Miron-Spektor 和 Argote(2008)发现悖论认知能够促进个人和团队创造力的提升,Smith 和 Lewis(2011)、Hahn 等(2014)也发现悖论认知对企业悖论管理决策有重要影响,但现有研究将悖论认知作为战略认知结构进行分析的文献却不多,缺乏对战略认知影响企业环境责任的过程分析。根据战略认知过程框架,悖论认知作为一种认知结构,会通过影响认知过程,最后作用于战略行为(Narayanan 等,2011)。通过战略认知过程框架分析悖论认知和企业环境责任之间的中介机制和边界条件具有重要价值,能帮助理解悖论认知如何引导组织的认知过程并促成企业践行环境责任。弥补该空白可以拓展战略认知过程框架的应用范围。

2.5.3　组织悖论研究述评

将悖论思维引入管理研究的时间较晚，在组织管理研究中尚处于探索阶段。经过文献梳理发现，虽然学者在定义组织悖论时存在差异，但大多认同存在矛盾和相互依赖这两个特质。在内容方面，现有研究探讨了组织悖论的性质和体现、应对方式、产生的组织结果。例如，组织悖论可能导致冲突混乱、组织衰落等不良后果及双元创新、团队创造力、个体和团队绩效、组织可持续发展等有利影响。结果的差异主要取决于是否进行有效悖论管理。组织悖论是一把"双刃剑"，处理不好会加速组织衰败，处理恰当则可以促进组织改革和发展。

还有研究仅针对组织悖论某一层面的特定表现形式进行了探讨（组织间竞争与合作、组织层面探索与应用、个体层面新颖和有效等），但仍缺乏相关实证检验，关于企业悖论认知影响环境责任方面的研究也较缺乏。Smith 和 Lewis（2011）强调了具有悖论认知的主体更易识别到组织中的悖论张力，更愿意进行悖论管理。而企业环境责任和财务绩效就是组织悖论的一种重要形式（Jay，2013；Margolis 和 Walsh，2003；Smith 等，2012）。整合企业悖论认知和环境责任研究进行系统探索和实证检验是十分必要的。

另外，悖论认知的本质和内涵尚未明确。有研究从个体层面分析了具有悖论认知的领导者对促进个体和组织绩效方面的重要作用（Lewis，2000；Lewis 等，2014；Zhang 和 Han，2017），针对悖论型领导力开发了新的测量量表，并进行了实证数据的验证。从战略认知框架的视角来看，企业悖论认知本质上是组织层面对企业所处环境和自身状况的一种战略性认知，不仅涉及领导者的微观因素，还涉及组织文化等宏观因素，会影响企业的认知过程和战略行为。尽管如此，以往研究强调了企业悖论认知对创新结果和战略灵活性等组织能力的影响，较少关注悖论认知对认知结果影响的探讨和验证。特别是在悖论认知影响企业环境责任的过程中，机会识别（包括政策机会和技术机会）作为组织战略形成的意义构建过程是值得被关注和重视的。

2.5.4　机会识别研究述评

根据上文的文献综述，机会识别研究已受到了创业学者的关注。对于机会来源，学者从匹配视角、发现视角和创造视角提供了不同的观点。现有研究较多关注机会识别的前置因素及情境因素，而对其影响组织结果的研究较少。本书通过综述发现以下问题值得关注：

首先，机会识别现有研究主要从理论上阐述了认知框架的重要作用，认为企业家的创造力认知模式（Ward，2004）、通过环境、先验知识、警觉性和系统搜寻所形成的认知框架（Baron，2006）、发散思维的认知特征（Gielnik 等，2012）都会影响企业机会识别。然而，该部分研究缺乏实证研究检验。特别是，在传统的阴阳平衡文化背景影响下，我国企业的思维方式倾向于接受矛盾因素的共存，更愿意关注目标事物与环境的关系并以此解释和预测事件（Nisbett 和 Peng，2001），因此直接关系着机会识别的过程（Baron，2006）。可惜的是，以往的研究忽视了悖论性的认知思维和机会识别之间的联系，未能解释悖论认知是如何引导企业进行机会识别的。

其次，尽管现有研究对机会识别的驱动因素、绩效产出和情境因素方面都有涉及，但是对于机会识别作为一种中介机制的考察并不多见。Guo 等（2016）的研究发现，机会识别作为一种战略行为，在探索导向和商业模式创新之间的关系中发挥着中介作用。在战略认知过程框架中，机会识别被认为是战略形成的过程，受到认知框架的影响，并作用于战略结果，因此充当着重要的中介机制。以往研究认识到机会识别受到了认知模式、认知框架等特征的影响，但对机会识别结果产出的研究中，主要关注了对组织绩效和创新的影响，却忽视了对企业环境战略等行为的影响。此外，机会产生于变化，现有研究更多关注了机会识别、发现、创造、评估、利用等不同过程，而较少关注机会的不同来源，如外部环境的变化和内部能力的提升。在转型经济背景下，对于企业环境战略的形成过程，外部政策环境的变化和内部技术能力的提升所带来的机会是不可忽视的影响因素，政策机会识别体现了外部政策环境变化带来的机会，技术升级体现了内部技术能力提升带来的机会。从这一意义上来看，通过机会来源的不同将其分类，并探索不同类型的机会识别对战略行为的影响是具有深远的研究意义的。图 2-7 展示了机会识别现有研究不足与本书研究的着力点。

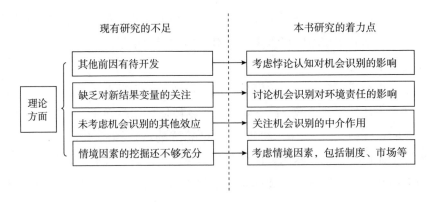

图 2-7　本书研究与机会识别现有研究的关联

2.5.5　本书研究与现有研究的关系

现有文献虽然对企业环境责任、悖论认知、机会识别等领域进行了相关研究，但是仍存不足。根据对现有文献的梳理，以及对上述文献的评述，本节总结了本书研究与现有研究之间的关系：

第一，以往研究在考虑企业环境责任的驱动因素时，大多基于制度理论和利益相关者理论，对企业环境责任的本质及其与财务绩效之间关系的认识并不全面。而本书从悖论的视角来看待企业环境责任和财务绩效之间的复杂关系，探索企业悖论认知对企业践行环境责任的影响。本书分析了企业悖论认知的影响作用，主要是基于以下考虑：现有文献中关于企业环境责任的驱动因素主要集中在外部宏观因素与内部战略动机两类，前者强调了外部环境的强制性和引导性，认为企业环境行为是被动的，且与财务绩效是冲突的；后者强调了企业环境行为的主动性，与财务绩效是互相依存的关系。这种认识的不一致阻碍了学者和管理者对企业环境责任的理解。因此，有必要挖掘新的理论视角对企业环境责任的影响因素进行分析。

第二，现有研究对驱动因素影响企业环境责任的中介机制缺乏探讨，尚未深入、清晰地理解驱动因素对企业环境责任的影响过程。本书基于战略认知过程框架，在分析企业悖论认知影响环境责任的过程中，探索外部机会识别（政策机会识别）和内部机会识别（技术升级）的中介机制，主要是基于以下考虑：①以往研究认为，机会识别受到了认知框架的重要影响，如企业家通过环境、先验知识、警觉性和系统搜寻形成的认知框架（Baron，2006）等。企业悖论认知是对企业战略和目标中共存且冲突的内容采取接受和整合的态度和方式（Smith 和 Tushman，2005），本质就是一种认知结构，因此与机会识别（政策机会识别和技术升级）存在密切联系。②在转型经济背景下，外部环境中的绿色政策导向和企业内部的环保技术能力是与企业环境战略行为息息相关的重要因素（Groves 等，2011；Kolk，2016；Lin 和 Ho，2011），因此，外部政策环境的变化和内部技术能力提升所带来的机会，对企业环境责任行为有重要的影响。③现有研究强调了利用悖论视角看待企业环境责任和财务绩效之间的关系（Jay，2013；Margolis 和 Walsh，2003；Smith 等，2012），但企业悖论认知促进环境责任提升的途径和方式缺乏充分讨论。从战略认知过程框架来看，政策机会识别和技术升级体现了战略意义构建过程，一方面会受到战略认知模式的影响（Narayanan 等，2011）；另一方面通过抓住政策机会和技术机会来促进企业战略的构建和形成，最终作用于企业战略行为。因此，本书重点关注政策机会识别和技术升级在企业悖论认知与企业环境责任的关系中的中介作用机制，从而打开二者关系的"黑匣子"，完善企业悖论认知影响企业环境责任的研究框架。

第三，现有研究关于影响企业环境责任的驱动因素的研究中，忽视了对情境的考虑。本书在整合了企业悖论认知、政策机会识别、技术升级和企业环境责任后，选择恶性竞争、制度缺失和竞争强度作为情境因素，主要基于以下考虑：①战略管理的三鼎战略视角（Strategic Tripod Perspective）强调了行业基础、资源基础及制度基础，认为企业所处环境会对其战略行为产生重要影响（Peng 等，2009）。尤其是在转型时期，市场环境复杂，发展不平衡，制度不完善，充满不确定性，上述环境因素会对企业是否履行环境责任产生影响。②目前对企业环境责任的驱动因素研究中，较少考虑情境的影响（Aguinis 和 Glavas，2012）。虽然有学者强调了制度因素和市场因素的重要权变作用（Liu 和 Atuahene-Gima，2018；Sheng 等，2013；Wei 等，2017），但对企业环境责任的影响过程中所扮演角色的阐述略显不足。因此，本书将探讨恶性竞争、制度缺失作为制度因素和市场竞争强度作为市场因素在政策机会和技术升级影响企业环境责任过程中的调节作用。

图2-8展示了本书与现有研究之间的关系。在企业悖论认知影响环境责任的过程中，选择了机会识别作为战略认知过程框架中的战略构建因素，并引入转型

经济背景下重要的制度环境因素和市场环境因素作为研究框架中的情境变量。

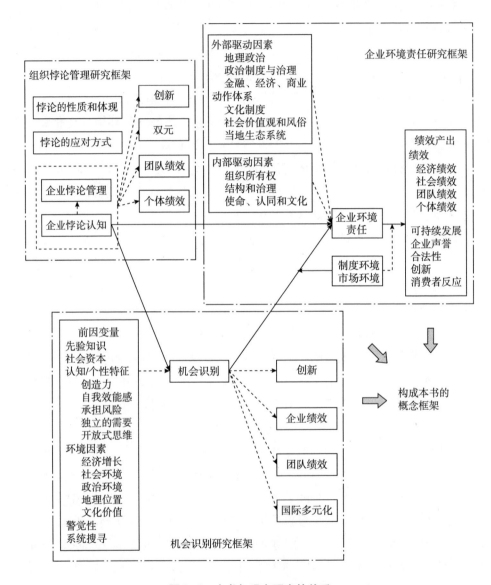

图 2-8　本书与现有研究的关系

3

概念模型及假设提出

本章结合以往研究和本书的研究情境对概念框架中各变量的概念进行界定。从研究问题出发，采用悖论理论、战略认知视角及制度基础观，构建关于企业悖论认知、政策机会识别、技术升级、制度和市场因素和企业环境责任的理论模型，并阐述模型中各变量之间的关系。首先，企业悖论认知对环境责任有正向影响；其次，在上述关系中，政策机会识别和技术升级起着部分中介作用；最后，在政策机会识别和技术升级对企业环境责任的影响过程中，制度缺失、竞争强度和恶性竞争起着不同的调节作用。本书将针对上述三个部分的关系进行分析，并提出相关假设。

3.1 研究概念界定

在构建概念模型前，首先，对本书所涉及的相关概念进行界定，包括企业悖论认知、政策机会和技术升级、恶性竞争、制度缺失、竞争强度与企业环境责任。其次，详细梳理上述变量的具体内涵，并阐述本书的理解与界定。

3.1.1 企业悖论认知

组织中的"悖论"（Paradox）问题已成为当下管理学术与实践的关注焦点，越来越多的学者将悖论视角引入对组织现象的研究中。组织管理中的悖论是指在组织内部长期存在、彼此冲突但又相互依赖、相互补充的对立因素及其之间的紧张关系，即悖论张力（Lewis，2000；Smith 和 Lewis，2011）。组织悖论张力体现在组织管理中的很多方面，如企业间竞争与合作的关系、企业经济发展与社会责任的关系、企业探索与应用的关系、个体自我中心与他人中心之间的关系等。

关于悖论张力的形态，其处于隐性与显性的动态变化中，当组织面临多元背景、动态环境与稀缺资源时，隐性悖论张力会转变为显性悖论张力。Smith 和 Lewis（2011）认为，在多元环境下，利益相关者的不同要求与不同观点（Denis，Langley 和 Sergi，2012）将形成竞争期望，从而造成战略冲突。在动态环境下，组织当下的实践活动与未来的机会之间存在冲突，管理者在探索新机遇的同时，又不得不利用现有的竞争优势，进而导致悖论张力凸显（O'Reilly 和 Tushman，2008；Raisch 和 Birkinshaw，2008）。因此，在资源稀缺的环境下，企业试图实现多重目标从而接受了严峻的挑战，提高了领导者对组织内部悖论张力的认识。因此，多元背景、动态环境和资源稀缺的环境条件，加剧了悖论的显现趋势。

组织与个体对悖论的认知差异也会影响悖论张力的显现（Smith 和 Lewis，2011）。悖论认知作为一种战略认知框架能够帮助主体识别与处理矛盾的需求，能够使潜在的悖论张力关系更加明显（Smith 和 Tushman，2005）。战略认知理论认为，组织存在有限理性与有限认知能力的问题，因此该理论重点关注组织认知结构与决策过程在战略制定及实施方面的联系（Porac 和 Thomas，2002）。认知结构包括最高管理层对环境、战略、业务组合和组织状态的解释（Porac 和 Thomas，2002），并在战略诊断和策略制定、选择过程中起着重要作用。

在解释战略和竞争优势时，组织的认知结构与认知过程极为重要。战略认知理论强调认知结构与认知过程在组织中的作用，关注其对组织战略与业务的影响。该视角还强调组织认知的方向，认为组织对内外部环境的关注和解释将对其战略行动起决定性作用（Kaplan，2011；Yang 等，2018）。由于认知局限的存在，组织必须采取相应机制来弥补（March 和 Simon，1958；Simon，1947）。企业战略认知在不确定环境中尤其重要，企业可通过认知框架降低复杂环境所带来的模糊信号（Rouleau，2005）。

根据现有文献对组织悖论和企业战略认知的阐述，本书认为企业悖论认知的本质是一种战略认知结构，是组织在面临悖论张力时更倾向于理解和接受对立因素的共存，引导企业通过分化与融合等方式对悖论张力进行管理。

3.1.2　政策机会识别和技术升级

现有的创业机会理论研究对机会内涵和性质的界定存在差异。根据机会获得的方式，Schumpeter（1934）认为机会源于发现，而 Kirzner（1979）则认为机会源于识别，且强调探知机会的过程。基于发现理论，Schumpeter（1934）认为机会是通过资源重新组合呈现出不同的产品或服务，可能是新的生产方式、销售渠道或商业模式。因此，机会是客观存在且等待被主体发现或利用的。基于创造理论，Kirzner（1979）指出，机会来源于市场需求和资源的变化，而潜在的市场需求和可替代资源不是客观存在的，其必须被制造出来。因此，机会本身并不存在，而需要主体进行社会建构。还有学者避开了机会是否客观存在这一争论，认为机会产生于变化，这种变化可能是客观环境的变化，也可能是社会建构的变化（DeTienne 和 Chandler，2007；Grégoire 等，2010）。因此，能否感知到内外部环境的变化是机会出现的重要前提。

现有部分研究关注了机会识别等过程对企业绩效结果的影响。机会识别强调组织对潜在商业创意和机会的识别和开发，可视为一种发现资源并产生创新产出的创业策略（Manev 等，2005）。有学者认为，机会识别涉及企业价值的提升，因此有利于企业发展与创新绩效的提升（Dimov，2007；Wang 等，2013）。擅长机会识别的组织能够在竞争对手尚未关注政策与行业环境的情况下，发现潜在机会并及时采取行动，进而获得竞争优势（Hostager 等，1998）。还有研究将组织的系统搜寻、先验知识及警觉性作为机会识别的能力，分析并验证了机会识别能力对企业绩效的促进作用（Sambasivan 等，2009）。但是，机会识别未必能直接带来优异的企业绩效，而是需要通过机会评估、机会开发等一系列过程才能成为切实可行的商业行为，从而提高企业绩效（Guo 等，2017；Lumpkin 和 Lichtenstein，2005）。Guo 等（2016）发现，机会识别能够促进商业模式创新。当企业识别到机会后，需要通过有效的方式利用机会才能从中获得价值，而商业模式反映了"为了利用商业机会而设计的结构、治理等内容从而为企业创造价值"。通过商业模式创新能充分利用机会并应对环境变化（Demil 和 Lecocq，2010），同时机会识别能促进企业进行商业模式创新，从而使机会的价值得到最大限度的发挥。因此，机会识别对企业战略及决策的结果至关重要。

现有机会识别的研究大多关注不同类型的机会过程，如机会识别、发现和创造、机会评估、机会开发等，鲜有学者关注机会的类型。Smith 等（2009）根据机会的显性程度将其分为编码型机会与内隐性机会，认为编码型机会能够通过系统搜寻进行识别，而内隐性机会需要依赖于先验知识，难以通过系统搜寻来识别。张红和葛宝山（2014）将机会分为创业机会和利润机会，其区别的关键在于在机会过程中是否涉及创新。

本书关注悖论认知在影响战略决策的过程中，不同类型的机会所发挥的作用。在转型经济背景下，政策导向对企业具有较强的作用。因此，对于企业而言，如何识别政策与环境变化背后的商机显得十分重要；同时，面对国内外激烈的竞争环境，中国企业还需重视技术机会的获得，以提高技术水平，创造竞争优势。

因此，本书结合 Companys 和 McMullen（2007）、Ozgen 和 Baron（2007）等关于机会的定义，认为机会是有利于促进企业生产、产品开发和市场开拓，能促进企业财务绩效提高的可能性，包括外部政策机会识别和内部技术机会创造。其中，政策机会识别是指企业在政策规划、政治及行业环境的变化中识别到有利于企业发展和财务绩效提高的可能性因素；技术机会创造是指企业通过外部合作或自主研发获得的有利于企业发展和财务绩效提高的技术和技能。

3.1.3 恶性竞争

恶性竞争是指企业竞争中存在不公平和不合法的现象，如版权和专利侵权等。如果创新资源匮乏、技术能力不足、法律法规不完善和执行效率低下，容易导致企业对知识产权的保护意识较差，企业遭受专利和版权侵犯、对原始发明的复制泛滥、违反合同和协议等现象普遍存在（Sheng 等，2013；Zhou 和 Poppo，2010）。无论是商业模式和盈利模式，还是技术和管理思维的创新，都很容易被复制，不断有新的、相似的企业产生不良竞争。现有研究将上述恶性竞争的情况视为转型经济背景下最重要的制度特征之一，对企业战略制定及决策结果的影响不容忽视（Li 和 Atuahene-Gima，2001；Peng 和 Health，1996）。

随着互联网时代的到来及网络市场的迅速发展，市场上常常会出现恶性竞争事态。处于恶性竞争环境中的企业很难摆脱需要在不安定的环境中寻找发展机会，适时调整企业的战略和决策。企业经营环境的恶性竞争程度会给企业运营和发展带来至关重要的影响（Li 和 Zhang，2007）。Liu 和 Atuahene-Gima（2018）

认为，在恶性竞争环境中，企业可以通过制定适当的战略和资源部署来发挥机会的作用，从而缓解恶性竞争的负面影响，强调了机会利用的重要性。

根据上述阐释，本书结合 Cai 等（2016）、Liu 和 Atuahene-Gima（2018）等的观点，将恶性竞争定义为行业市场竞争行为存在不健康、不公平、违法的程度，它代表了转型经济环境中一种普遍的制度环境特征。

3.1.4　制度缺失

制度缺失是指地方政府或行业为企业经营制定的相关政策和行业标准不明确，无法保护公司的商业利益和财产。制度是"人为设计的约束，构成人的互动"（North，1990）。制度环境通常可以分为政治制度结构和社会制度结构（North，2005），政治制度结构主要是指正式制度结构，包括法律法规、行业标准、行业规范等。社会制度结构主要是指社会资本，是指组织与外部利益相关者互动过程中形成的联系，这种联系会帮助和约束组织行为。本书在测量制度缺失时，主要关注政治制度结构方面，体现了正式制度不足的情况。

在制度缺失的环境中，会给企业战略制定和实施带来风险和挑战，因此不得不考虑制度缺失的影响（Wei 等，2017）。另外，Zhou 和 Poppo（2010）从正式制度完备的方向关注了法律可执行性，即法律系统对公司利益的保障程度，研究发现，在法律可执行性较强时，交易风险和契约明确性之间的关系越强，交易风险和关系可靠性之间的关系越弱。

根据上述阐述，本书结合 Puffer（2010）、Zhou 和 Poppo（2010）等对制度可靠程度的观点，主要关注正式制度的状况，将制度缺失定义为与企业经营相关的法律法规、行业标准和行业规范等正式制度不够明确和完善，或政府政策在执行中操作意见不明的程度。

3.1.5　竞争强度

竞争强度反映了同一行业内企业之间竞争的激烈程度，Porter（1980）主要从行业内竞争者数量和对主体企业的威胁程度对企业所处的市场环境进行分析。战略管理领域的学者认为，企业行为在很大程度上反映了这种竞争状态（Adomako 等，2017；Jaworski 和 Kholi，1993）。行业参与者的行为引入了不确定性和不可预测的因素，管理文献表明，竞争强度影响组织的决策意义和决策方式（Adomako 等，2017；Feng 等，2016）。竞争强度越高意味着企业面临的竞争对手的威胁越大，企业的经营环境越复杂，主要体现为市场中同质产品或服务经常出现、价格战频繁发生、促销手段多样、客户转移成本较低等（Porter，1980）。

在从计划经济体制向市场经济体制转变的过程中，我国各地区的市场存在发展不平衡的现象，因此竞争强度是重要的市场环境特征（Peng，2003）。企业所处市场的竞争情况会影响企业活动相关的风险和不确定性，对转型经济环境下的组织行为具有不可忽视的影响（Auh 和 Menguc，2005）。在激烈的市场竞争中，不可预测的变化要求企业迅速做出应对反应，才能更好地生存和发展。例如，在市场竞争强度较高时，竞争者会争抢有限的资源，企业倾向于通过伙伴合作来降低风险。在现有研究中，很多学者将竞争强度作为情境变量，研究其在影响企业战略行为过程中的权变作用。Gao 等（2015）以中国制造企业为研究对象，探讨了技术多样性和新产品创新的关系，发现竞争强度具有正向调节作用，即高竞争强度促使企业通过提高技术多样性来提高创新竞争力。Adomako 等（2017）认为，CEO 特质在影响企业国家化程度的过程中，竞争强度发挥了调节作用。Feng 等（2016）基于 214 家中国制造企业的数据认为，竞争强度在环境管理体系与财务绩效之间的关系中具有正向调节作用，即在激烈的竞争环境中，环境管理体系对财务绩效的正向作用加强。综上所述，竞争强度大多被视为企业管理的一种驱动因素或情境因素。

本书根据 Porter（1980）、Adomako 等（2017）及 Feng 等（2016）对竞争强度的相关研究，将竞争强度定义为企业在市场中面临竞争对手的威胁程度。竞争强度作为最典型的市场特征，体现了市场竞争对企业生存机会造成的影响。

3.1.6 企业环境责任

在企业社会责任领域的研究中，企业环境责任的内涵往往与环境管理、绿色管理、绿色实践等相关概念存在交叉。作为企业社会责任的一个重要维度，企业环境责任的本质是描述企业的意愿倾向和相关活动。随着全球环境问题的日益突出，企业内外部对环境保护的要求越来越迫切，企业环境责任引起了强烈关注

（Wei 等，2017），具体体现为节约资源、降低能耗、降低污染、产品回收等多种环保措施（Flammer 和 Luo，2017）。越来越多的企业开始关注环境责任的重要作用，并思考如何在保障经济利益的同时完成更好的环境绩效。

简单来说，企业环境责任是指企业在环境保护方面的社会责任。有学者认为，企业环境责任涉及降低废气废物的排放、最大限度地提高资源利用率和生产效率、减少有可能不利于后代享有国家资源的做法等（Mazurkiewicz，2004）。制度理论指出，企业需要遵循所处商业环境中形成的社会规范，因为没有外部社会认同（合法性），企业就无法生存（Meyer 和 Rowan，1977；DiMaggio 和 Powell，1983）。社会期望理论也指出，人们倾向于采用社会规范来改变自己的行为，从而满足社会提供的期望。由此可见，企业环境责任反映在社会期望中，表明企业有道德责任以尊严和尊重的态度对待公众和环境，从而赢得合法性。利益相关者学派认为，企业积极承担环境责任能满足广大利益相关者的期望，从容地应对内外部挑战，进而建立竞争优势，为经济和社会发展提供可持续性（Chaklader 和 Gautam，2013；Dougherty 和 Olsen，2014；Shaaeldin 等，2013）。

本书将综合 Flammer 和 Luo（2017）、Lee 等（2018）等对企业环境责任的描述，将企业环境责任定义为：企业通过绿色技术创新、管理创新等方式，从事降低能源消耗、减少污染排放、提高资源利用率等环境保护活动，从而体现出对公众和环境尊重的态度。

3.2 理论模型的构建

基于第 1 章所提出的研究背景与理论不足，通过对企业环境责任、战略认知、组织悖论、机会识别等相关文献的评述发现，现有研究未能充分厘清企业环境责任和财务绩效的关系，以及战略认知结构在影响企业环境责任过程中的中介机制与情境条件。因此，有必要进一步探索企业悖论认知和环境责任之间的关系，以及政策机会和技术机会在这一过程中的中介效应，并揭示制度环境和市场环境等边界条件对政策机会识别、技术升级和企业环境责任关系的调节作用。具体研究思路如图 3-1 所示。

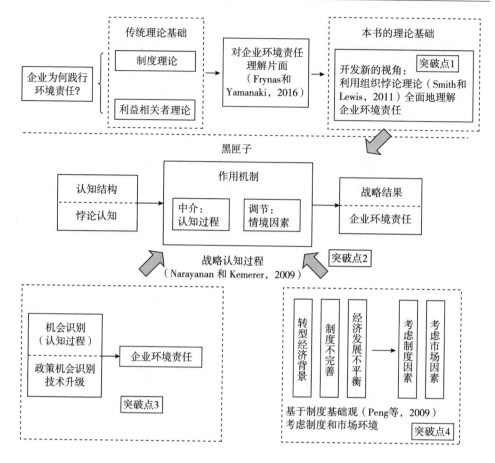

图 3-1　模型构建思路

　　全球经济的发展与人们生活水平的提高使绿色环保的观念逐渐深入人心，社会和公众对企业绿色行为的期待和要求也得到相应提高（Linnanen，2009；Sumathi 等，2014）。尤其是在互联网环境下，企业生态污染或不安全生产等行为的曝光可能直接导致其受到政府机构的制裁与消费者的抵制，进而影响企业生存。尤其是在转型经济背景下迫使中国企业管理者面临财务绩效与环境绩效的双重压力。虽然绿色转型的压力剧增，但是中国企业的实际做法却并不统一。

　　在管理实践中，绿色实践活动和环境管理行为的确可以帮助一些企业获得竞争优势，推动社会可持续发展（Gliedt 和 Parker，2007；Sumathi 等，2014），并为社会、企业和民众带来"三赢"局面。但是，仍有一些企业对环境责任的认知并不清晰，在追求经济利益的过程中对环境治理持消极态度，或在践行环境责任时遇到各种困难。特别是对于即使具有绿色环保观点但仍然面临资源匮乏、技术能力不足等问题的中国企业而言，由于难以承担环境管理的高额成本，进而在绿色实践与战略转型的道路上踌躇不前。如何在关注经济效益的同时兼顾环境绩效，成为当下中国企业、政府与学者共同关心的焦点问题。而更困惑的问题却是：企业明知在当下的背景下绿色转型的必要性，却为何迟迟不履行环境责任？

在理论方面，现有研究主要从制度理论和利益相关者理论的视角对如何促进企业践行环境责任进行了分析，并对企业环境责任的驱动因素进行了探索。制度理论认为，外部制度压力是企业践行环境责任的主要驱动力。鉴于绿色行为与环境管理的高成本投入，企业在低外部压力下不会主动进行环境管理，并趋向追求更高的经济利润。Aguinis 和 Glavas（2012）发现，企业践行环境责任的外部压力主要来源于法规和标准、利益相关者、社会环境等。例如，法规和标准通过法律惩罚的形式强制企业履行环境责任（Boudier 和 Bensebaa，2011；Raufflet，2009）。利益相关者主要通过社会惩罚或谴责的形式强制企业履行环境责任，包括借助媒体对负面行为进行报道（Weaver 等，1999）、对企业污染行为进行监控（Lee 等，2018），或直接影响贸易结果（Muller 和 Kolk，2010）等。企业同时还受到国家环境、经济条件和社会文化环境等社会环境压力来提高绿色绩效（Dartey-Baah 和 Amponsah-Tawiah，2011；Jamali 等，2009；Wang 和 Juslin，2009）。制度理论强调了外部环境的强制性和引导性，认为环境责任和财务绩效是冲突关系。而利益相关者理论认为，企业将环境责任作为一种战略工具，具有内在动机去践行环境责任，即通过绿色行为与利益相关者建立良好的关系，并从中获得企业所需的资源。企业践行环境责任并不会损害企业经济利润，反而会促进财务绩效的提升。虽然上述理论极大地推动了企业环境责任的前因探索，但对企业环境责任与财务绩效关系的理解存在分歧，未能解释企业环境责任的悖论本质特征。而悖论理论强调二者是相互矛盾且相互依赖的关系，可以为全面理解企业环境责任提供新的视角，跳出传统制度理论或利益相关者理论的陈旧思维模式。

战略认知理论认为决策主体是有限理性的，组织的认知倾向往往会影响最终的战略决策。例如，组织的长期利己主义（Aguilera 等，2007）、使命和价值观（Wang 等，2015）、领导者傲慢（Tang 等，2015）、道德型领导（Graves 等，2013；Wu 等，2015）等因素会影响企业环境战略行为。因此，企业是否践行环境责任，在很大程度上取决于企业对环境责任和财务绩效悖论关系的认知。然而，在探索企业悖论认知影响环境责任的过程中，内部的"黑箱"尚未打开，详细的作用路径和机制仍然不得而知。根据战略认知过程框架可知，战略认知结构影响认知过程和行为，最终作用于战略决策结果（Narayanan 等，2011）。企业悖论认知作为战略认知结构，引导企业思考采取何种路径来实现环境责任和财务绩效的协同，进而提高企业环境责任。战略认知理论强调战略决策不仅是认知过程的结果，同时也受到外部环境的作用。因此，企业所处的环境对企业绿色行为方面的决策也具有重要影响，且有必要分析不同环境背景下企业环境责任的实践效果（沈灏等，2010）。本书将从战略认知的视角来分析企业悖论认知对环境责任的影响，并探索其中的中间机制与边界条件。

首先，本书将关注企业悖论认知影响环境责任这一过程内的中介机制。悖论理论认为，企业环境责任与财务绩效之间是互相矛盾且共存依赖的关系（Cameron 和 Quinn，1988），二者之间的张力主要来源于企业内部利益相关者（管理者、股东等）与外部利益相关者（政府、环保组织、媒体、消费者等）由于不同目标而产生的冲突。随着二者之间紧张关系的加剧，若置之不理，企业容易陷入混乱与冲突，甚至造成组织衰落。为了引导组织向积极方向发展，企业需要采取恰当的措施来应对二者之间的张力。根据悖论理论与战略认知框架，针对企业环境责任与财务绩效之间的张力，悖论认知框架可为企业提供独特的战略视野，提高企业对外部环境和内部能力的审视与理解能力，并从中寻求有利于企业长期可持续发展的机会。通过机会识别，最终促使企业履行环境责任。

从外部环境来看，随着全球环境污染问题的加剧，我国对环保相关法律法规的制定和执行力度不断加大。排放标准的提升进一步加剧了企业环境责任与财务绩效之间的张力。企业悖论认知或许能帮助企业从政府规划及政策法规的变化中识别有利于企业发展的商业机会（政策机会），从而缓解经济效益与环境绩效之间的紧张关系，最终提高企业环境责任。从内部能力来看，我国很多中小企业普遍面临资源匮乏、创新能力不足等问题，导致企业很难在稳步发展的前提下进行环境管理和绿色转型。而该类企业也极易被绿色市场所淘汰，陷入"污染重—效益低"的恶性循环。企业悖论认知可以激发企业的创造力和学习过程，例如，通过内部学习和伙伴学习来升级企业的绿色技术，抓住适当的技术机会进行绿色战略转型，实现企业环境责任和财务绩效的协同发展。基于此，本书将重点关注外部政策机会识别（外部机会识别）与内部技术升级（内部机会识别）在企业悖论认知影响环境责任过程中的中介作用，从而彻底打开企业悖论认知影响环境责任的"黑匣子"。

其次，本书认为有必要进一步关注市场环境与制度环境在"政策机会识别/技术升级—企业环境责任"关系中的调节效应。在以往的企业环境责任的影响研究中，有学者关注了制度层面、组织层面和个人层面的因素对企业环境责任的直接影响，或企业环境责任在影响结果过程中的调节作用，鲜有研究探寻企业环境责任与其驱动因素之间关系的调节因素（Aguinis 和 Glavas，2012）。例如，Smith（2013）在其博士论文中分析了制度规范对企业环境责任的直接影响以及信息技术在上述影响中的调节作用。Jia 和 Zhang（2013）研究表明，CEO 政治背景影响企业捐赠，而政府所有权、财务状况等因素会调节上述关系。本书认为制度环境仍然扮演着重要角色，正如战略管理研究中的战略三角观（Strategic Tripod Perspective）强调了行业基础观和资源基础观以外的制度基础观，认为企业所处环境对其战略行为存在重要影响（Peng 等，2009）。尤其是在转型经济时期，市场环境复杂，制度不完善，各区域政策环境和市场环境发展不平衡，因此环境因素也可能对企业是否履行环境责任产生影响。例如，在市场竞争强度较大的环境中，企业可获取的资源较少，对获得的技术机会很难进行利用。此时，即使企业获得了技术机会，但由于资源限制和财务压力，从而影响技术机会的利用。另外，在转型经济国家，政策法规不完善、不明确、执行性不足等问题普遍存在，可能会影响企业对所处环境的信息解读，甚至对法律规范的执行产生怀疑，也会对机会开发和利用的效率产生影响。制度环境特征主要包括制度的有效性和完备性，恶性竞争和制度缺失分别反映了上述特征。

基于此，本书认为在政策机会识别和技术升级影响企业环境责任的过程中，市场环境、制度环境可能会影响机会开发和利用的过程，从而使企业履行环境责任的结果产生差异。以往的研究大多停留在分析制度环境对企业环境责任的前因驱动作用，却忽视了制度环境和市场环境的边界作用。因此，本书将探讨恶性竞争、制度缺失和市场竞争强度在政策机会和技术升级影响企业环境责任过程中的调节作用。

结合以上分析，本书将基于悖论理论、战略认知视角以及制度基础观，构建关于企业悖论认知、政策机会、技术升级、环境特征（恶性竞争、制度缺失和市场竞争强度）与企业环境责任之间关系的概念模型，目的是分析企业悖论认知如何通过不同的中介机制（政策机会识别和技术升级）影响企业环境责任，以及环境特征如何调节政策机会识别和技术升级对企业环境责任的影响。

具体来说，本书主要关注以下三个方面的内容：①充分探讨企业悖论认知对环境责任的影响。②从外部机会识别和内部机会创造两个方面进行考虑，分析政策机会识别和技术升级在企业悖论认知影响环境责任过程中的中介作用。将企业机会识别和技术升级视为促进企业践行环境责任的构成行为，分析两条路径的作用机制。③在探讨政策机会识别和技术升级如何影响企业环境责任的基础上，进一步检验恶性竞争、制度缺失和市场竞争强度对上述关系的调节效应，挖掘边界条件。针对不同的制度环境和市场环境，解析政策机会识别和技术升级在影响企业环境责任的效果如何变化。基于以上思考，本书提出了以下概念模型（见图3-2）。

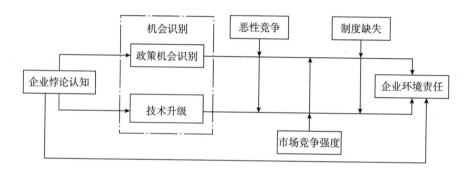

图 3-2　概念模型

3.3　假设的提出

为了充分讨论上述概念模型中各变量之间的关系，本书主要考虑以下理论基础：首先，在现有的关于企业环境责任驱动因素的研究中，较多采用制度理论（Peng 和 Heath，1996；Williamson，1985）和利益相关者理论（Freeman 和 Reed，1983；Friedman，2007），且两者的视角截然不同。上述视角差异的主要原因可归结于企业对环境责任与财务绩效两者关系的认知存在差异，即究竟是互相替代还是互相补充。而悖论理论跳出了传统理论的旧巢，为学者与企业管理者理解环境责任和财务绩效的关系提供了更全面的认识（Lewis 和 Smith，2014）。其次，在"认知结构影响企业环境责任"的中介机制研究中，本书沿用战略认知视角（Narayanan 等，2011），即认知结构将影响认知过程与行为，并最终影响企业践行环境责任。最后，在"机会影响企业环境责任"关系边界效应的探索中，本书将基于制度基础观（Peng 等，2009），分析在不同市场环境和制度环境下，机会识别对企业环境责任的影响将如何变化。

3.3.1 企业悖论认知与环境责任的关系研究

在战略认知理论介入前，现有研究已对如何促使企业践行环境责任这一问题进行了重点探讨，大多认为法律法规、利益相关者及社会环境等外部压力（Boudier 和 Bensebaa，2011；Lee 等，2018；Muller 和 Kolk，2010；Wang 等，2018）及获得社会资本、合法性的内在动机（Babiak 和 Trendafilova，2011）决定了企业进行环境管理和履行环境责任的积极性。但是，现有研究忽视了企业战略认知对战略行为的重要影响，无法解释企业究竟是如何考虑的。本书认为，外部压力与内在动机之所以能够推动企业践行绿色实践，根本原因是不同企业对环境责任和财务绩效之间关系的认知存在差异。当企业履行环境责任是迫于当前制度或其他利益相关者的压力而做出的无奈之举时，表示企业将经济利益放在了首位，履行环境责任只是为了避免受到直接经济惩罚或其他惩罚，如消费者不满、社会公众不认同等，而其他惩罚会造成最终经济惩罚；当企业履行环境责任是为了获得更高的合法性地位而做出的主动行为时，也仍表示企业将经济利益放在了首位，履行环境责任是为了获得社会资源，从而提高经济利益。在这两种不同的驱动力下，反映的是两种视角对经济利益和环境责任关系的不同理解。悖论理论指出，企业环境责任和财务绩效之间是一组共存依赖的矛盾关系，将以往研究中基于制度理论认为的二者是相互矛盾的观点与基于利益相关者理论认为的二者是相互依存的观点进行结合，有利于企业对二者关系进行更全面的认知。因此，本书认为，企业悖论认知能帮助企业缓解环境责任和财务绩效之间的紧张关系，即悖论张力，从而促使企业践行环境责任。具体如下：

首先，悖论认知为企业提供了更敏锐的认知触觉，帮助企业认识到企业环境责任对财务绩效的潜在积极效应。虽然企业环境责任和财务绩效之间存在一种固有的、不相容的但又互补的矛盾张力（Hahn 等，2014；Jay，2013；Smith 等，2013），而那些缺乏悖论认知的企业往往会误认为企业环境责任与财务绩效之间是不相容的关系。企业进行绿色实践和环境管理活动时，需要投入一定的资源，而且企业从中得到的收益是潜在的且不确定的。这也是制度理论视角下对企业经济效益与环境责任关系的理解，会使企业迫于制度压力而不得不履行环境责任，为了经济目标最大化，企业将尽量压低履行环境责任的成本。企业在投入环境管理之前，会对投入的成本和收益进行预先的评估，成本通常为进行绿色活动所需要的设备和资源而支付的费用，收益则是在绿色转型后能够缩减的生产成本、提高客户满意度和品牌忠诚度等。因此，认知不同的企业对履行环境责任需要投入的成本和收益的评估存在差异。缺乏悖论认知的企业更倾向于将企业环境责任视为对财务绩效有不利影响的财务负担。在这种情况下，企业会对绿色实践和环境管理活动采取防御态度，从而降低在环境责任方面的投资。当悖论认知提升后，能够促使企业识别出履行环境责任的潜在收益或间接影响（Lewis，2000）。在这种情况下，企业认识到了环境责任与财务绩效之间的互补关系，更有主动意愿去进行环境责任方面的投资。

其次，在面对企业环境责任与财务绩效之间的紧张关系时，悖论认知水平较高的企业更愿意理解和接受二者之间不一致的存在。相反地，当企业悖论性认知水平较低时，在面临二者的紧张关系时会采取防御行动，即追求一致性，在环境责任与财务绩效之间选择放弃环境责任。企业认为选择财务绩效就可以解决二者之间的张力，但其实不然，随着时间的推移，二者之间的张力会加剧，从而导致恶性循环（Smith 和 Lewis，2011）。因为，无论外界制度压力是否存在，利益相关者是否有环境管理的需求，企业环境责任都已经成为企业经营发展不可分割的一部分，而且与企业经济利益之间是共存且冲突的复杂关系。基于认知和行为的一致性及组织惯性（Schneider，1990），面临环境责任与财务绩效之间的紧张关系时，就容易采取否认现实、压制焦虑、逃避矛盾等防御机制来避免不一致。还有一种情况是，企业环境责任与财务绩效之间的紧张关系并不显著，这可以追溯到我国重工业发展迅速同时环境污染问题也较严重的历史时期，政策法规对企业环境责任的要求比较宽松，企业短期感受不到制度的压力，也不存在获得社会合法性的动力，因此大部分企业偏向经济发展一边倒，但此时企业看似不需要承担环境责任。但是，自然环境被破坏、周围居民生活受到影响是不争的事实，而经济和环境之间的紧张关系逐渐显现，任由企业如此发展下去的最终后果都将是逐渐走向衰败。企业悖论认知是指企业面临战略管理中的悖论张力更倾向于理解和接受对立因素的共存，且更愿意通过分化和整合等方式进行悖论张力的应对管理。随着悖论认知水平的提升，有利于缓解组织焦虑，帮助企业接受张力的存在，将环境责任和财务绩效进行并行，避免防御行为带来的恶性循环（Smith 和 Tushman，2005）。

最后，企业悖论认知能够引导企业通过分化和整合的方式创造对立因素之间的协同作用（Poole 和 Van de Ven，1989）。具有悖论认知的企业具有更全面的战略视野，并试图寻找将冲突的需求进行整合的方式。从这个意义上来看，企业悖论认知为企业提供了更多的可能性，推动企业寻找可能的方式，来实现企业环境责任与财务绩效的协同提升（Smith 和 Tushman，2005）。而事实上，同时提高企业环境责任与财务绩效是可行的。从结果来看，这一结论和利益相关者理论视角得出的结果是一致的，即企业环境责任与财务绩效的关系是互相促进的。但是悖论视角的解释重点在于，企业不应当只看到企业财务绩效，将企业环境责任作为提高财务绩效的重要手段，而是应该将环境责任与财务绩效的关系作为处理对象，最终目的是实现二者的协同发展。Ambec 和 Lanoie（2008）认为，企业环境责任能够增加收入和降低成本。企业在进行绿色实践和环境管理活动，前期需要投入一定的资源来获取绿色节能技术和设备，随着生产经营活动的开展，这些技术能帮助企业节省能源消耗、重复利用资源、降低污染排放，从而大幅度降低生产成本，并节省需要支付的排污费用（Porter 和 Van der Linde，1995）。除此之外，企业还可以通过销售绿色技术和相关设备来增加收入，从而实现企业环境责任和财务绩效的同时提升。而且对于投入企业环境责任的企业来说，通过将绿色转型生产的产品与传统的产品相比，更容易进入新市场（Hess 和 Warren，2008）。具有悖论性战略认知的企业更愿意寻找各种方式将企业环境责任和财务绩效相结合，创造性地实现双赢（Eisenhardt 和 Westcott，1988）。因此，提出如下假设：

假设 1：企业悖论认知正向影响企业环境责任。

3.3.2 政策机会识别和技术升级的中介作用

创业研究的观点认为机会来源于变化，因此识别变化是识别机会的前提（Baron，2006；DeTienne 和 Chandler，2007）。因此，不同组织或个体对变化的认识与感知决定了其识别和获得机会的能力。基于认知研究，Baron（2006）认为，组织或个体通过认知框架来感知外部世界中看似无关的事件或趋势之间的联系，包括技术、人口、市场、政府政策等因素的变化，形成这些事件、趋势和变化的模式，可以从中捕获新产品或新服务的机会。因此，认知框架是影响机会识别的重要因素。而且，George 等（2016）认为，机会产生于组织运营环境的变化，而变化创造了不均衡，从而组织可以利用这种不均衡。悖论认知可以帮助企业接受这种不均衡的存在，并激发企业采用创造性的方式进行悖论张力的应对管理。本书认为，这种创造性的方式就是在变化的冲突和矛盾的因素中识别到的机会。从这个意义上来看，企业悖论认知为企业提供了全面认识和感知外部各类因素的整体框架，有利于企业对这些变化的事件、趋势和变化的模式等信息进行理解，为机会识别创造更多的可能性。悖论认知促进企业更好地感知政策环境的变化以及这种变化引发的企业不均衡发展，使其采用更包容和更接受的态度来面对不均衡的因素，鼓励企业寻找政策变化中存在的商业机会。政策机会识别是指企业在政治政策与规则、政府规划等因素的变化中识别到有利于企业发展和财务绩效提高的有利因素。本书认为，企业悖论认知正向影响企业政策机会识别。

首先，企业面临政策变化带来的挑战时，企业悖论认知有利于企业采用理解和接受的态度来应对这种不利影响。政策环境的变化会给企业经营带来一定的挑战，组织惯性会令企业产生焦虑、引发逃避等防御性行为（Schneider，1990）。随着全球环境受到越来越多的关注，我国也将环境保护纳入了国家发展战略，各级政府和相关机构对现有环保政策进行了修正和改善，对各类污染排放水平提出了更高的要求，保障与全球可持续发展战略相一致。这一政策变化给中国企业，尤其是给传统制造行业带来了很大的挑战，特别是对于那些资源和能力较低的企业，其污染治理能力往往无法满足新的政策要求。缺乏悖论认知的企业面临这种挑战可能倾向于采用以下两种做法：一种是适当地降低污染排放，尽可能地将排放量控制在标准水平线以下，以最低的成本投入使企业免予受到监管部门的惩罚。另一种是在企业衡量成本投入大于违反环境法规所处的罚金时，两害相权取其轻，企业则可能为了维持和提高经济效益忽视这类政策要求，选择逃避政策压力和企业自身发展之间的不均衡。在这种情况下，政策环境的变化只能给企业带来不良影响，使企业处于被动发展的地位。相反地，对于悖论认知水平较高的企业，在面临政策环境变化时，首先考虑的不仅是短期的经济目标，而是更愿意接受和面对随之而来的挑战，并从环境政策的变化中识别到绿色转型可能是企业未来的发展机会。

其次，企业悖论认知可以促使企业提高对政策环境的变化感知。机会来源于变化，政策环境的变化会创造出一种不均衡，而机会就产生于这种不均衡之中，然而机会并非客观存在并等待被发现的,而是源于组织或个人从这种不均衡中创造和收获价值的主观信念和能力(Navis 和 Ozbek,2016)。正如上文所述,我国的环境政策正处于不断完善和变化之中,各项环境标准都在提高。在这种情况下,悖论认知有利于提高企业的感知触觉,帮助企业感受政策环境的变化以及从中产生的不均衡。这种感知触觉可以被理解为主体的警觉性和敏锐度,对于机会识别是十分重要的影响因素(Ardichvili 等,2003;Fischer,2011)。学者认为,如果警觉性很高,就不需要主动搜寻,只观察周围现象就能够识别到机会(George 等,2016)。当政策发生变化时,会有各种程度的信号发出,如环保政策修订之前,政府部门就已经着手调查当地企业对环境污染问题的看法,相关媒体也会发出相应的引导言论。缺乏悖论认知的企业只能接收到那些较强的信号,包括政府监管部门对政策信息的直接传达,而这些企业在接收信息时更容易对政策信息的理解产生偏差;而既能够接收强信号又能够接收弱信号的企业,在政策改革之初就能够准确地感知到政策环境的变化,从而识别出有利于企业发展的机会。甚至在政府政策正式实施之前,悖论认知为企业带来的敏锐的感知能力,可以使企业从监管机构、行业协会、媒体等各方的反应中感知到政府规划的发展方向,从而引导企业早先一步捕捉和识别到能推动企业未来发展的潜在机会。

最后,企业悖论认知能够帮助企业形成创造性的解决方式来应对政策环境的变化。企业的运营发展需要处理好上下游企业、竞争对手、股东、政府监管机构、媒体和消费者等各方的关系,在我国不断发展变化的政策环境中,各种关系也在不断地被打破和重构,悖论认知水平较高的企业更愿意接受和理解矛盾和不均衡的存在(Fang,2005),并且帮助企业考虑战略中多重目标和议程共存的可能性(Smith 和 Tushman,2005)。企业面临政策环境的变化,进行绿色管理和提高财务绩效两种目标之间的冲突和紧张关系进一步加深,造成环境责任和经济目标之间的关系失衡。具有悖论性的认知框架,可以避免企业采用一贯的"非此即彼"的目标选择策略,克服组织惯性和一致性,通过对两种目标之间关系的重新审视,通过连接和整合两种竞争的目标,识别出随政策变化而新出现的机会。例如,当悖论认知帮助企业感知到政府对绿色创新投入力度加大时,可以通过绿色转型同时实现绿色管理和财务绩效两个目标。因此,提出如下假设:

假设 2:企业悖论认知正向影响政策机会识别。

此外,企业悖论认知帮助企业更全面地认识和理解行业市场的前沿技术信息,提高对技术的触觉敏锐性,开发或引进那些对企业长期发展起着关键作用的技术。技术升级是指企业通过外部合作或自主研发获得有利于企业发展和财务绩效提高的技术和技能。技术升级可以用于新产品或服务的开发，利用新材料和新燃料或新的生产工艺和操作流程，最终促进生产力的发展和财务绩效的提升，因此技术升级的本质是技术机会识别。本书认为，企业悖论认知正向影响技术升级。

首先，具有悖论认知的企业更愿意通过技术升级来获取企业长期发展的动力。随着经济的发展，全球产业格局无时无刻不在发生变化，技术竞争的时代已然来临。新技术的出现，将旧的技术淘汰，并且也时刻面临着被未来出现的技术淘汰的风险，唯一不变的是不断更新和发展的技术。企业想要获得可持续发展，并在激烈的市场竞争中占据一席之地，必须要对自身技术进行不断的升级发展。具有悖论认知的企业能够意识到短期生存和长期发展缺一不可，更愿意打破组织惯性，并根据变化的需求和市场不断追求技术进步。技术更新速度不断加快，悖论认知让企业意识到所处的技术环境是处于不断变化之中的。特别地，在消费者的环保意识不断增强时，企业现有技术始终面临着市场消费者的新需求挑战。在这种情况下，企业具有较高的悖论认知水平，才能够意识到市场对于开发和提高绿色生产技术的迫切需求不仅是企业面临的巨大挑战，更是企业绿色转型和技术升级的绝好机会。也就是说，悖论认知让企业更好地识别到了技术机会，认识到通过技术升级对于同时维持短期效益和长期发展的重要作用，从而帮助企业迈向可持续发展。

其次，企业悖论认知为企业技术升级提供了更多的信息和渠道。Lewis 等（2014）认为，具有悖论认知的领导者能够帮助企业实现战略灵活性，因为战略灵活的本质就是将矛盾和对立并行。在企业技术升级过程中，悖论认知框架有利于企业收集更多的技术信息和获取技术升级的方式，不仅收集和现有技术相关的横向信息，还关注那些可供企业纵向发展的探索性技术。具有悖论认知的企业，不仅通过更高的警觉性嗅到竞争对手正在开发或着手研发的新技术，而且能够更敏锐地感知到科研机构或高校所拥有的前沿技术中哪些可为己用。此外，悖论认知框架能促使企业不拘泥于仅仅依靠传统的购买先进设备或引进的方式升级技术，也不单纯地通过闭门造车的方式来提高技术水平，而是将不同的方式进行整合。随着技术环境的变化，技术市场会存在很多与行业技术相关的信息，悖论认知框架能够帮助企业将自身技术能力和各类先进技术进行衡量，识别到哪些技术可以依靠自主研发获得，哪些技术可以依靠伙伴合作来获取，最终实现企业技术升级。企业生产和销售始终面临市场消费者不断升级和变化的需求，如产品包装更环保、商品可回收性设计、产品使用的低耗能等，悖论认知企业不仅能看到这些变化给企业的生产、制造、销售成本增加的负担，还能利用这些变化来发现技术升级的机会。

最后，企业悖论认知有利于企业创新能力的提升，从而促进企业进行技术升级。在面临组织中对立的因素（目标、主体、战略行为等）之间的紧张关系时，悖论认知框架强调了企业打破组织惯性和一致性的下意识反应，避免逃避、否认矛盾和站一边的方式，而是采取更加包容和接受的态度，促进企业利用创造性的方式来缓解这种悖论张力。因此，非线性的认知框架及其驱动下的行为本身就是一种创新行为，技术升级是建立在悖论认知框架中的一种行为。Smith（2014）认为，高管团队在悖论管理的指导下，能够有效地管理探索和应用，最终实现二者的协同效应，表明了在悖论认知框架基础上建立的悖论管理方式是有利于促进企业创新能力提升的。探索式技术着重关注现有产品或技术以外的新技术和方法，利用式技术则基于既有的技术轨道提高现有产品性能的技术，悖论认知有助于实现两种技术的协同发展，形成技术的螺旋式升级。另外，具有悖论认知的企业能够帮助企业实现战略灵活性（Lewis 等，2014），有利于企业把握创新机会，促进技术升级（李西垚，2011）。因此，提出如下假设：

假设3：企业悖论认知正向影响技术升级。

企业家利用机会创造财务绩效的观点由来已久（Schumpeter，1934；Kirzner，1979）。个体单独行动或是集体行动被认为是识别产品或要素市场的竞争缺陷，然后试图利用这些缺陷来创造经济利润（Casson，2005）。机会识别强调组织对潜在的商业创意的识别和开发，可以看作一个发现资源以产生创新产出的创业策略（Manev 等，2005）。机会识别能够帮助企业在变化的环境中寻找有利于企业发展的因素并采取行动，将企业面临的挑战转化为企业发展机会，并弥补企业自身的不足，从而获得独特的竞争优势（Hostager 等，1998）。下面将具体分析政策机会识别和技术升级对企业环境责任的影响，从而进一步探讨二者在企业悖论认知影响企业环境责任过程中的中介作用。

在以往的关于机会识别的研究中，大量研究关注影响机会识别的驱动因素，而较少分析机会识别对组织结果的影响（Wang 等，2013；Guo 等，2016）。机会识别被认为是竞争优势和卓越表现的关键因素（Gielnik 等，2012），但对于企业机会识别对企业战略决策的影响过程的研究仍然不足。Guo 等（2017）认为，机会识别并不会为中小企业自动带来更高的企业绩效，中小企业需要采取适当的行动，利用被识别的机会引入新产品、服务、原材料市场和组织方法（Eckhardt 和 Shane，2003；Ozgen 和 Baron，2007），以取得更好的财务绩效。遗憾的是，现有研究较少关注机会从被发现到转变为价值的过程，以及机会识别在战略认知过程中的重要作用。由此可见，关注机会识别对企业环境战略的影响及其在认知框架影响企业环境战略过程中的中介作用是十分必要的。

本书将具体分析政策机会和技术机会的识别对企业环境责任的影响。现有研究很少关注不同类型的机会识别，Smith 等（2009）认为，机会的类型会影响机会识别的过程，编码型机会需要通过系统搜寻进行识别，而内隐性机会需要依赖于先验知识。而本书认为，机会类型不仅会影响机会识别的过程，而且对组织结果的影响机制也存在差异。就企业环境责任而言，长期以来，它与更好的研发效率及创新联系在一起（Porter 和 Van der Linder，1995）。面对激烈的竞争环境，很多企业缺乏创新能力和核心技术，很难在企业正常运营和发展的前提下进行绿色实践投入和企业绿色转型，通过在市场需求的变化中识别到技术机会并对现有技术进行升级，为企业绿色实践和环境管理活动提供支持。本书认为，政策机会识别和技术升级是兼顾企业环境责任和财务绩效这一悖论的解决路径，可以缓解二者之间的紧张关系，从而促进协同作用，提高企业投资和践行环境责任的意愿和行为。

首先，政策机会识别使企业更善于对政策环境信息进行收集和学习，对政策环境变化的警觉性促进企业更好地利用政策机会来提高环境责任。企业政策机会识别引导企业关注与绿色行为相关的政策环境的变化，一方面，政府对企业环境破坏行为采取强有力的惩罚措施，如提高污染排放标准、加强惩罚力度，迫使企业对传统的生产方式进行改善；另一方面，政府对企业绿色行为采取正向激励政策，如给环保行业的创业行为提供资金支持、绿色信贷、税收优惠等，鼓励企业进行绿色创业和绿色转型。崔祥民和杨东涛（2015）对政策感知和绿色创业意向之间的关系进行了检验，结果显示政策感知能够促进企业绿色创业行为。政策环境的变化给企业经营带来了一定的冲击，企业原有的经营模式已经无法满足外部政策环境的要求，政策机会识别为企业提供了应对这种冲击的有效方式，通过对政策机会的有效利用，能够帮助企业建立起对未来绿色市场的预感和对绿色发展的信心，从而加强企业投资和实施环境责任活动的意愿。

其次，政策机会识别有利于降低企业进行绿色实践和环境管理的风险。政策机会识别帮助企业认识到企业环境责任对财务绩效的积极效应。企业是否践行环境责任，在很大程度上取决于企业通过绿色实践活动获得的收益能否弥补企业投入的成本。通常情况下，企业绿色实践的投入成本是固定的，而从中得到的收益可能是潜在的且不确定的。例如，企业通过绿色实践可以获得企业声誉和潜在客户等无形资产（Henisz 等，2014；Zheng 等，2014；Zheng 等，2015），很难在事前进行预测和衡量。然而，政策机会识别给企业发展创造了新的可能，也让企业意识到如果没能充分利用发现的政策机会，便会错失企业飞速发展的"顺风车"，甚至会受到掣肘。政策机会识别可能是企业在节能减排方面的政策变化中发现的有利于企业发展的方向，充分利用政府对绿色行为的鼓励和支持获取政策支持，包括减免税收及特有资源的优先使用等，大大降低了企业进行绿色创业或绿色转型的成本和风险，提高了企业践行环境责任的倾向。

最后，政策机会识别缓解了企业环境责任和财务绩效之间的紧张关系。Friedman（1970）的古典经济学观点认为，企业从事绿色实践行为需要消耗一定的投入成本，因此会给企业财务绩效带来不利影响。大量研究结果显示，环境保护和绩效提升就像"鱼和熊掌，不可兼得"，二者冲突互不相容（Hull 和 Rothenberg，2008；Klassen 和 Whybark，1999），因此很多企业在环境责任和财务绩效的选择之中不得不放弃环境责任。而事实上，二者之间的紧张关系客观存在，通过二选一的方式只会顾此失彼，造成无法挽回的恶性结果，更好的方式则是通过政策机会识别等将履行企业环境责任和提高财务绩效两种冲突的目标进行整合。因此，政策机会识别是企业摒弃了"非此即彼"的观点，选择了一种"二者兼有"的整合手段，利用政策变化产生的机会缓解企业环境责任和财务绩效之间的张力，实现企业环境责任和财务绩效的协同。因此，提出如下假设：

假设4：政策机会识别正向影响企业环境责任。

现有研究表明，技术机会对创新产出和企业绩效有显著影响（Baysinger 和 Hoskisson，1990；Kelm 等，1995；Sharma 和 Kesner，1996）。技术机会的重要价值源于高科技产业中经济知识外部性的溢出效应。而技术升级在一定程度上体现了企业技术创新的能力，有利于激发企业环境责任对财务绩效的积极作用，促使企业践行环境责任。

首先，技术升级的过程伴随企业的学习和创新能力的提升，更容易从企业环境责任和财务绩效的紧张关系中寻找到潜在的互相促进作用。企业进行绿色实践和环境管理活动，需要消耗一定的企业资源和成本，因此企业环境责任和财务绩效之间存在着互不相容的关系（Hull 和 Rothenberg，2008；Klassen 和 Whybark，1999）。技术升级是一种企业能力提升，通过自主研发或外部合作获得企业所需要的技术和技能，在这一过程中企业进行了内部学习和外部知识获取，从而提高了企业对节能减排等环保技术的认知。在面临日益变化和提高的消费者需求时，企业对产品及其生产销售的技术创新刻不容缓，如果企业能够对市场快速反应，发现、获取或提升有效的技术手段来应对消费者对绿色产品的需求，便能够缓和企业环境责任与财务绩效之间的紧张关系，从二者矛盾的关系中寻找相互依存的发展路径，促使企业主动参与环境管理活动。

其次，技术升级为企业进行绿色实践和环境管理提供了绿色技术支持。通过自主研发和外部合作，企业能够获得所需要的绿色技术，解决了企业进行绿色实践活动中的技术障碍。随着人们生活水平的提升，消费者环保意识的增强，对绿色产品的需求不断提升，对于环境友好型的产品和服务产生偏好。企业一方面需要维持现有产品市场；另一方面需要开发消费者偏好的新产品市场，这就需要企业进行绿色技术创新，而技术升级为企业满足消费者的绿色产品需求提供了技术支持，解决了企业环境责任履行的难题。从这个意义上来看，技术升级通过为企业提供绿色技术支持来促进企业践行环境责任。

最后，技术升级促进了企业环境责任和财务绩效之间的协同作用，引导企业进入"绿色环保—高效率"的良性循环。企业环境责任和财务绩效之间存在悖论张力，会引起企业的焦虑情绪，为了消除这种张力产生的焦虑，企业的直接反应往往是选择其中一方来保持组织的一致性，回避环境责任或隐瞒环境污染行为。然而这种反应并不能缓解二者之间的紧张关系，反而会加剧张力带来的不利影响，导致企业陷入恶性循环的怪圈。通常情况下，企业开发绿色产品或对原有产品进行绿色升级，无论是原材料还是生产工艺流程，投入成本都会增加，这对企业来说是很大的经济负担。如果企业通过技术手段将产品工艺和生产流程等技术进行升级，提高了资源利用率和生产效率，通过资源能源的重复利用，节约了能耗，节省了资源，有利于降低生产成本，这不仅鼓励企业进行绿色实践，而且可以实现降低成本和增加效益的目的，实现了环境和经济的"双赢"。因此，提出如下假设：

假设5：技术升级正向影响企业环境责任。

悖论理论强调企业的悖论认知能够有效地帮助企业识别并处理悖论问题、缓解悖论张力，并尝试获取解决上述悖论问题的方案或途径（Smith 和 Lewis，

2011）。因此，企业在识别到财务绩效与环境责任之间的悖论张力时，会通过解决悖论张力的有效途径来提高环境绩效。Baron（2006）认为，机会识别的本质是认知过程，企业主要通过认知框架来感知外部环境中看似无关的事件或发展趋势之间的潜在关联。例如，企业对技术、人口、市场、政策及其他因素之间变化关联的认知。在这些事件或发展趋势中察觉到的模式可为新产品或新服务提供新的管理思路。因此，本书认为机会识别的本质是企业对政策与技术环境变化的认知过程，而这种认知过程则强调需建立在认知框架的基础上。战略认知视角认为，战略认知框架会影响企业对政策、技术、市场等因素的认知过程，最终影响战略决策结果（Guo 等，2016）。该理论框架有效地解释了部分组织顺利识别机会并通过利用机会成果实施战略行为的原因（Baker 等，2005；Shane 和 Venkataraman，2000）。

尤其是在转型经济背景下，政策环境与技术更新迭代的速度导致我国企业在可持续发展方面挑战与机遇并存。从绿色产业方面来看，我国环境问题的处理受到了各国的关注，环保政策和绿色产业规划的出台、绿色技术的开发和提升、消费者对环境友好型产品和服务的偏好，为我国企业赋予了更高的环境责任，与企业迫切需要提升的财务绩效之间形成了对立关系。企业对二者关系的认知框架，即企业悖论认知，能为企业提供更全面的战略视野，促进企业对政策、技术、市场等环境因素的感知，更好地识别环保政策机会并进行绿色技术升级，提高企业对环境战略的积极态度。

基于假设 1 至假设 5 的阐述，本书通过认知过程理论挖掘企业悖论认知、政策机会识别、技术升级和企业环境责任的本质，并分析上述因素之间的关系。具体来说，具有悖论认知的企业在面临环境变化的风险时，更愿意接受和克服风险，接受模棱两可的信息，并试图形成创造性的方式来应对。一方面，企业所处的政策环境在发生变化，具有悖论认知的企业会重新思考在新环境中的发展路径，在变化中挖掘和识别政策机会；另一方面，市场消费者对绿色产品的需求不断增长，与此同时在国家鼓励下绿色管理技术快速发展，具有悖论认知的企业更愿意进行技术升级。企业利用政策机会和技术升级两条路径来应对外部政策环境的变化和市场消费者对绿色产品的需求，释放了企业环境责任和财务绩效之间的紧张压力，构建企业环境责任和财务绩效之间的协同作用，最终提高企业践行环境责任的意愿和行为。因此，本书进一步强调了机会识别的中介作用，认为：①企业悖论认知正向影响政策机会识别和技术升级；②政策机会识别和技术升级正向影响企业环境责任；③企业悖论认知通过政策机会识别和技术升级正向影响企业环境责任。因此，得出如下假设：

假设 6：政策机会识别是企业悖论认知影响环境责任的中介机制。

假设 7：技术升级是企业悖论认知影响环境责任的中介机制。

3.3.3 制度环境的调节作用

恶性竞争和制度缺失都体现了转型经济环境的不同维度，前者通过企业不正当竞争的状况反映制度的有效性，后者通过企业对政府政策的感知反映制度的完备性。很多研究关注了制度环境在影响战略行为过程中的情境作用。Liu 和 Atua-hena-Gima（2018）分析了不同竞争战略和市场资产对产品创新绩效的影像中，恶性竞争发挥调节作用。结果显示，在恶性竞争环境中，低成本战略、客户导向、营销创意对产品创新绩效的正向作用增强，差异化战略对产品创新绩效的正向作用减弱。Wei 等（2017）研究了在制度缺失的环境下，企业环境责任对商业合法性和政治合法性的促进作用增强。Sheng 等（2013）分析了在不同制度缺失和恶性竞争的背景下，新产品开发速度和产品创新能力对绩效的不同影响。因此，本书从制度的无效性和缺失性两个维度出发，认为恶性竞争和制度缺失会影响政策机会识别与企业环境责任之间的关系。

恶性竞争是指企业在市场中遇到的不公平竞争、机会主义以及违法行为，反映了企业所处的制度环境的无效。在许多新兴经济国家，由于市场制度发展不完善，对非法或不道德的竞争行为难以进行控制。本书认为，恶性竞争会影响企业对政策机会的利用效果，从而影响企业环境责任与财务绩效之间的紧张关系。

首先，企业在政策环境的变化中识别到商业机会，引导企业进行绿色实践和环境管理，当市场竞争中经常出现机会主义和违法行为时，会促进企业对政策机会的重视和利用。在恶性竞争的环境中，市场中经常出现各种形式的不良竞争和机会主义行为，企业需要更多地关注政策机会才能够帮助企业遵守社会规范，从而提高企业环境责任（DiMaggio 和 Powell，1983；Oliver，1991）。而且，政策机会直接关系到对企业污染环境的惩罚和对企业绿色行为的奖励，当企业面临恶性的竞争环境时，为了能够及时、迅速地应对各种不良竞争行为，选择利用政策机会往往是效率更高的途径，因为企业通过政策机会获得的资源（包括金融资源和政府特有资源）能够缓解企业环境责任与财务绩效之间的紧张关系，避免忽视企业环境责任。

其次，恶性竞争环境中的不公平竞争和违法行为会给企业绿色战略造成不利影响，利用政策机会可以消除或减弱这些不利影响，促进企业环境责任和财务绩效的协同。

当企业所处市场制度不成熟时，会造成市场中经常出现不良竞争、机会主义和违法行为（Zhou 和 Poppo，2010），如漂绿行为、虚假广告等，导致企业无法发挥竞争优势，经营和生存的风险大大提升，此时企业无暇顾及环境责任，在绿色实践和环保战略方面持消极态度。在这种情况下，企业通过政策机会识别抓住环境战略方向并付诸行动，利用政策机会实施有效的绿色行为，能够为企业带来战略先动优势，减少竞争对手通过机会主义或违法行为损害焦点企业利益的时间，降低企业绿色实践的成本，提高企业从绿色战略行为中获得的潜在收益，从而促使企业履行环境责任。

最后，企业面临恶性竞争环境，对竞争规则难以预测，市场竞争的不确定性和风险增加（Peng 等，2009），企业面临的生存压力变大，企业环境责任与财务绩效之间的紧张关系加剧，政策机会识别帮助企业从中获得有效竞争优势，缓解二者之间的紧张关系，提高企业环境责任。恶性竞争环境最大的特点之一就是，难以获得一致、可靠的信息来预测市场趋势和需求（Li 和 Atuahene‐Gima，2001），使企业实施绿色战略的风险提升。在这种情况下，并不是所有的企业都有平等的机会来获得资源和信息，政策机会识别使企业更善于感知政策环境的变化，并能从中获得更多的信息，而利用政策机会能为企业带来政府支持，可以帮助企业迅速获得并有效地发挥竞争优势，在与各种机会主义行为企业的竞争中脱颖而出，提高企业在恶性竞争环境中的生存机会，有利于提高企业环境责任。因此，提出如下假设：

假设 8：恶性竞争正向调节政策机会识别和企业环境责任的关系。

另外，恶性竞争也会影响企业对技术机会的利用效果，从而加剧企业环境责任和财务绩效之间的紧张关系，阻碍企业践行环境责任。

首先，企业通过技术升级获得企业环境管理所需要的绿色技术，帮助企业践行环境责任，当企业处于恶性竞争的环境中，会阻碍企业对技术机会的选择和应用。在成熟的市场制度下，特别是在具有完善的产权保护制度的框架下，模仿和非法活动会被抑制和监管，帮助企业保留创新所产生的回报（Cai 等，2017）。在这种情况下，企业在通过绿色技术升级能够为企业绿色实践和环境管理提供技术支持的同时，还能够实现产品和工艺的升级，实现企业环境责任和财务绩效的协同作用。反之，在恶性竞争的市场环境中，信息泄露、版权侵犯等机会主义行为频繁发生，使企业对市场中机会主义或违法行为的市场保护失去信心，认为技术创新很难得到充分的保护，技术核心、形象和市场地位很容易被模仿者所摧毁（Liu 和 Atuahene-Gima，2018），导致企业不愿意选择技术升级作为提高企业环境责任的手段。

其次，企业面临恶性竞争环境时，很难获得可靠的信息来预测市场趋势和需求，导致企业对技术机会利用的风险提高，最终对企业环境责任的积极影响更加不确定。企业通过技术升级获得践行环境责任所需要的绿色环保技术，包括绿色产品创新和环保生产工艺等，提高了企业对环保技术的认知，并帮助企业选择有效的技术手段来提高环境责任和财务绩效。当市场竞争中经常出现各种不公平竞争和机会主义行为时，会影响企业对技术和市场上绿色需求匹配的准确认识，如企业通过自主研发或外部合作获得绿色生产技术，需要通过一系列测试来对该技术进行产品化检验，需要对绿色消费市场进行调查分析并试投放一批产品来收集反馈信息，通过不断分析和调整来获得绿色消费者的认可和更高的销售额。市场中经常出现的非法模仿等机会主义行为会扰乱市场需求和消费者信息，影响企业获取和分析信息的准确性，从而降低绿色技术的应用效果，对企业环境责任的影响作用也变得不确定。

最后，技术升级能够促进企业环境责任和财务绩效的协同作用，但当企业所处的环境经常发生机会主义行为时，将对企业利用技术机会的效果产生消极的影响。企业通过技术升级可以为企业绿色实践和环境管理提供技术支持，能够更好地满足绿色消费者的需求，同时也能通过节约能耗、原材料重复利用来降低生产成本，实现企业环境责任和财务绩效的协同。然而，恶性竞争阻碍了企业充分获得绿色创新的潜在利益（Li 和 Atuahene-Gima，2001；Cai 等，2017）。当企业通过技术升级推出不同于竞争对手的产品或服务，能够建立客户忠诚度，并获得较高的价值（Bradley 等，2012）。例如，环保产业的许多公司依靠绿色技术升级在市场上竞争，环保友好型产品和服务能够让顾客愿意付高价，很好地实现了企业环境责任和经济效益的提升。Liu 和 Atuahene-Gima（2018）认为，竞争决定了每个竞争对手的价值，处于恶性竞争环境中的对手企业会非法模仿和盗用焦点公司的设计，生产表面看起来相似的产品，并以更低的价格出售，会给焦点公司造成很大的威胁，抵消它们在环境保护方面的作为。因此，提出如下假设：

假设 9：恶性竞争负向调节技术升级和企业环境责任的关系。

North（1990）认为，制度情境包括非正式约束（制裁、禁忌、风俗、习俗）和正式规则（执行有效性）。制度缺失是指政府政策对企业经营的规定不明确、不完善，无法为企业经营提供充分的保障（Zhou 和 Poppo，2010），反映了企业所处制度环境的不完备。本书认为，制度缺失会影响企业对政策机会的利用效果，从而影响企业环境责任和财务绩效之间的紧张关系，阻碍企业践行社会责任。

首先，企业可以通过利用政策机会来缓解企业环境责任与财务绩效之间的紧张关系，在制度不完备的情况下，政策机会的可利用性下降，从中获得的潜在收益减少。政策机会识别是企业从政策环境的变化中发现有利于企业发展的因素，如企业在政府制定的有关节能减排等政策的变化中发现适合企业利用的绿色信贷政策、税收优惠政策等，促进企业进行与环境责任相关的行为。当企业面临的政府政策对企业绿色经营的范围、具体操作意见不完善时，企业获取的政策机会比较模棱两可，缺乏详细的政策指导和支持（Marquis 和 Qian，2013），会导致政策机会的明确性不足，对其利用的效果也会产生负面影响。在这种情况下，制度缺失减弱了企业利用政策机会促进企业环境责任的效果。

其次，企业可以利用政策机会和政府建立关系，从而获取政府掌管的特有资源（Peng 和 Heath，1996），促进企业绿色实践活动，但同时需要遵循政策发展，而制度缺失性越强，政策机会的类型越单一，企业能够从政策机会中获得的潜在收益就越少。为了鼓励企业践行社会责任，政府在制定环保政策时应该针对不同的目标群体，如大型企业和中小型企业、创新型企业和传统型企业、制造型企业和服务型企业等，进行多元化的政策导向设计，从多方面促进企业根据自身情况选择有利于可持续发展的政策机会。当制度缺失性较强时，一方面体现在政策面向的企业类型比较有限，那些不属于这类型的企业即使识别到政策机会，但是跟自身发展战略匹配性较低，很难得到利用；另一方面体现在面向某类型企业的政策不够完善，导向性相对单一，即使政策机会识别的水平较高，也无法充分发挥政策机会的作用。从这个意义上来看，在制度缺失的环境下，企业对政策机会的利用效果并不理想，对企业环境责任的促进作用较弱。

最后，企业利用政策机会能够提高企业对政策环境变化的认知敏感度，如政府对企业环境责任相关的政策调整，能够促使企业更愿意关注和实施与企业环境责任相关的行为，开展绿色创业和绿色转型等战略。因此，提出如下假设：

假设 10：制度缺失负向调节政策机会识别和企业环境责任的关系。

同样地，制度缺失也会影响技术升级为企业带来的潜在价值，从而对企业环境责任与财务绩效之间的紧张关系产生影响。

首先，技术升级能为企业进行绿色实践和环境管理提供环保技术支持，解决企业践行环境责任时遇到的技术障碍，当企业所处环境缺乏完善的制度时，会促进企业对技术机会的关注和应用。在制度缺失的环境中，企业对于绿色产业的经营政策、行业标准、事实行为意见等方面的信息了解不详，容易使企业丧失绿色创业或绿色转型的意愿和信心，从而导致企业在环境责任方面持比较消极的态度。在这种情况下，企业环境责任的提升需要依赖技术升级来提高企业对环保技术的认知，包括环保技术能够支持企业绿色实践和环境管理活动，并同时通过更节省能耗的方式降低生产成本和提高财务绩效。由此可见，技术升级有利于改善企业由于制度缺失造成的对环境责任的消极态度。

其次，在制度缺失的环境中，企业对技术机会的利用受到的限制较小，从而提高了企业从技术升级中获得的潜在收益。在企业经营相关的政策和制度存在很多不完善、不明确甚至空白的情况下，企业对于践行环境责任方面的意识相对较低，更倾向于单纯追求财务绩效的传统经营方式。企业通过技术升级获取绿色实践活动中所需的绿色产品技术或环保生产工艺，有利于缓解企业环境责任和财务绩效之间的矛盾关系。而且，制度缺失性越强，针对环保技术应用和绿色产品推广等方面不存在详细的指导意见，那么在企业对技术机会进行利用的过程更加宽松自由，为企业形成更具创意的环境友好型产品或服务提供了更多机会（Liu，2011），且有利于消费者接受。从这个意义上来看，在制度缺失的环境中，利用技术机会来促进企业环境责任和财务绩效的提升变得更加有效。

最后，在新兴经济体中，制度缺失是商业环境中存在的普遍现象，为企业经营增加了复杂性和不确定性，阻碍了企业的学习和创新能力提升（Silvestre，2015），导致企业践行环境责任能力有限。技术升级伴随企业的学习过程，处于制度缺失环境中的企业可以通过技术升级有效地提高自身的创新技术水平，并从企业环境责任和财务绩效的紧张关系中寻找到适合二者共同发展的路径。因此，企业面临制度缺失的商业环境时，技术升级可以作为支持和促进企业学习和能力提升的有效机制。因此，提出如下假设：

假设 11：制度缺失正向调节技术升级和企业环境责任的关系。

3.3.4 市场环境的调节作用

战略管理领域的学者认为，市场竞争强度反映的是同一行业内企业之间的竞争状态，企业的行为在很大程度上反映了这种竞争状态（Adomako 等，2017；Jaworski 和 Kholi，1993）。行业参与者的行为，引入了不确定性和不可预测的因素，管理文献表明，竞争强度影响组织的决策意义和决策方式（Adomako 等，2017；Feng 等，2016）。竞争强度是转型经济国家的重要环境特征（Peng，2003），对转型经济环境下组织的行为具有不可忽视的影响。在现有研究中，很多学者将竞争强度作为情境变量，研究其在影响企业战略行为过程中的权变作用。Adomako 等（2017）分析了 CEO 特质在影响企业国家化程度的过程中竞争强度发挥的调节作用。Feng 等（2016）基于 214 家中国制造企业的数据，分析了竞争强度对环境管理体系与财务绩效关系具有正向调节作用，即在激烈的竞争环境中，环境管理体系对财务绩效的正向作用的加强。因此，本书从市场环境的角度出发，认为市场竞争强度会影响政策机会识别与企业环境责任的关系。

首先，市场竞争强度越高，意味着要与越多的竞争对手进行资源竞争，政策机会可以弥补资源不足的问题，从而为企业绿色实践活动提供保障。在转型经济国家中，企业也面临着严重的资源不足问题，尤其是在竞争强度较大的市场上，资源稀缺的问题更加严重，这些资源包括金融资源、社会资本及土地使用权等政府调控的特有资源。为了促进企业认识和践行环境责任，政府对污染行为的惩罚措施和对绿色行为的激励政策相继出台，企业通过对政府政策和规划的解读识别出商业机会，从中获取绿色信贷、税收优惠等金融资源及政府关系等社会资本，这些更具战略性的资源有利于缓解企业面临的资源竞争压力，促进企业实施环境责任相关活动。由此可见，在激烈的竞争环境中，政策机会的价值更加突出。

其次，激烈的市场竞争导致企业生存压力变大，加剧了企业环境责任与财务绩效之间的紧张关系，从而导致企业不愿意践行企业环境责任，企业通过政策机会识别可以有效地缓解二者之间的张力。市场竞争强度会影响企业活动的风险和不确定性（Auh 和 Menguc，2005）。随着市场竞争越来越激烈，企业进行绿色实践活动的风险越来越大，从中获得收益的不确定性也随之提高，当其不足以抵消企业在环境责任方面的投入时，就会对企业财务绩效造成不利影响。在这种情况下，企业环境责任与财务绩效之间的矛盾张力会越加明显，为了维持企业生存，必须降低在企业环境责任方面的投入。当企业从政策变化中发现商业机会时，有效地降低了随市场竞争产生的张力，充分体现了政策机会的价值。

最后，在竞争激烈的市场中，企业为了争夺或维持市场占有率，会主动或被动加入价格战、广告战等，导致过度关注现有的产品和市场，容易陷入组织陷阱，从而忽视企业环境责任。在这种情况下，政策机会识别会提醒企业感知到政策环境的变化，即使在资源极为稀缺的环境下，仍然需要关注法律法规和政策规划对企业环境责任的要求。处于高度竞争强度下的企业更多地关心短期利益而非长远的竞争优势，因为企业面临的短期内如何在竞争中生存下来的问题更加严峻，而不是追求长期的目标（Das 和 Teng，2000；Porter，1980）。企业可以通过抓住绿色产业政策的变化中产生的获利机会来解决短期内的生存问题，并促进企业在环境责任方面有所作为，增加企业的竞争力，跳出组织陷阱。因此，提出如下假设：

假设 12：竞争强度正向调节政策机会识别和企业环境责任的关系。

技术升级作为技术机会，在企业进行评估和应用过程中的政策机会有很大差异，因此，在不同的市场竞争强度下，技术升级对企业环境责任的影响作用会随之发生变化。本书认为，市场竞争强度会负向调节技术升级对企业环境责任的积极影响，主要基于以下考虑：

首先，技术升级为企业进行绿色实践和环境管理提供了绿色技术支持，然而随着市场竞争强度的提高，企业面临的资源稀缺问题越加严重，在进行资源配置时会倾向于现有产品的销售和推广，对于自主研发或外部合作获得的新的环保生产工艺和绿色技术的应用，企业投入的资源极其有限。因此，即使技术升级为提高企业环境责任提供了技术支持，企业仍然缺乏其他方面的资源来将绿色技术进行试验、开发、应用、推广等行为，使其最终形成新产品或新的产业。在这种情况下，企业的绿色科技成果很难为企业带来收益，企业对环境责任的认知会发生偏移，将环境责任的意识和行为分离开来。具体来说，技术升级提高了企业对节能减排技术的认知，有助于形成企业环境责任的意识，然而激烈的市场竞争阻碍了企业对绿色技术转化的过程，从而降低了企业进行绿色实践的行为。

其次，激烈的市场竞争会引起企业的情绪焦虑，给企业带来更多的短期效率竞争压力（Schneider，1990；Maritin 和 Javalgi，2016），这种焦虑加剧了企业环境责任与财务绩效的紧张关系，降低了二者的协同效应（Smith 和 Lewis，2011）。对于这种短期效率和情绪焦虑，技术升级在缓解张力和焦虑方面的作用并不明显，甚至会起到反作用。企业通过自主研发或外部合作获得了新的绿色技术，而后续的技术试验、开发、应用和推广的过程需要一定的时间，很难在短期内为企业带来绩效提升，不利于提高企业的短期效率竞争力。企业在高强度的市场竞争下形成了这样的预设，利用升级后的新技术来促进企业环境责任和财务绩效的协同作用存在较大的风险和不确定性，因此企业会尽量地避免采用通过技术升级的方式来帮助企业应对市场竞争。企业环境责任和财务绩效之间的张力得不到缓解，企业焦虑会促使企业单方面追求财务绩效，阻碍企业的环境责任行为。

最后，技术升级能够促进企业环境责任与财务绩效的协同作用，其中的重要原因包括企业可以通过出售先进的生产技术来获得一定的经济收益，从而缓解企业环境责任与财务绩效之间的张力。当市场竞争强度较大时，意味着和竞争对手之间存在许多相互竞争的产品，生产技术和工艺存在很多的相似之处。在这种情况下，企业拥有的更先进的技术尽管短期内很难转化为经济效益，但作为企业长期发展的核心竞争力，需要加强技术保护，否则无法通过出售的方式来缓解短期内的生存压力。因此，在激烈的市场竞争环境中，通过技术升级很难实现企业环境责任与财务绩效的协同。根据上述论断，市场竞争强度负向影响企业技术升级对企业环境责任的促进作用。因此，提出如下假设：

假设13： 竞争强度负向调节技术升级和企业环境责任的关系。

3.4 小结

本章基于现有理论与相关研究，结合企业悖论认知背景和环境责任实践的特点，构建了企业悖论认知、政策机会、技术升级、制度缺失、恶性竞争、市场竞争强度以及企业环境责任的研究框架。具体分析了企业悖论认知对企业环境责任的影响，以及政策机会识别和技术升级在这一过程中的中介作用；政策机会识别和技术升级对企业环境责任的影响，以及制度缺失、恶性竞争、市场竞争强度在这一过程中的调节作用。首先，企业悖论认知有利于提高企业环境责任。其次，在企业悖论认知影响企业环境责任的过程中，政策机会和技术升级发挥着中介作用。最后，在政策机会影响企业环境责任的过程中，恶性竞争和市场竞争强度发挥正向调节作用，制度缺失发挥负向调节作用；在技术升级影响企业环境责任的过程中，恶性竞争和市场竞争强度发挥负向调节作用，制度缺失发挥正向调节作用。本书根据概念模型提出了 13 个研究假设，如表 3-1 所示。

表 3-1　理论假设归纳

编号	假设内容
假设 1	企业悖论认知正向影响环境责任
假设 2	企业悖论认知正向影响政策机会识别
假设 3	企业悖论认知正向影响技术升级
假设 4	政策机会识别正向影响企业环境责任
假设 5	技术升级正向影响企业环境责任
假设 6	政策机会识别是企业悖论认知影响环境责任的中介机制
假设 7	技术升级是企业悖论认知影响环境责任的中介机制
假设 8	恶性竞争正向调节政策机会识别和企业环境责任的关系
假设 9	恶性竞争负向调节技术升级和企业环境责任的关系
假设 10	制度缺失负向调节政策机会识别和企业环境责任的关系
假设 11	制度缺失正向调节技术升级和企业环境责任的关系
假设 12	竞争强度正向调节政策机会识别和企业环境责任的关系
假设 13	竞争强度负向调节技术升级和企业环境责任的关系

· 102 ·

4

研究方法

本书采用实证分析方法来验证第 3 章的理论模型和假设，用于分析的数据主要来源于实地问卷调研。本章将介绍调研问卷设计过程、数据收集过程及统计分析方法，其中对样本特征进行简单的描述，对样本的可靠性进行检验，对变量测度的设计体现了科学性和可操作性。

4.1　数据的收集

4.1.1　数据收集背景

本书用于实证分析的数据均通过实地调研获取。此次调研目的在于了解企业基本情况、制度和市场环境、企业环境责任、悖论思维、企业战略等相关信息，主要采用发放调研问卷和访谈的方式，旨在发现和解决我国制度转型过程中企业在践行环境责任中存在的问题，为实现企业经济目标和环境责任的共同发展提供实践启示，并为政府制定和完善环保政策提供理论参考。针对本书的研究问题，一方面基于相关文献的内涵界定和成熟量表；另一方面根据转型经济的特殊背景，调研组与专家反复讨论，设计出调研问卷。在与企业高管访谈的过程中，调研组根据其疑问和建议，对调研问卷进行了有针对性的修正，便于调研活动更顺利地开展。

4.1.2　问卷设计

本书采用实地问卷调研的方式进行数据收集。对于问卷中构念的测量，前期查阅了大量的英文文献，直接沿用其中与本书构念一致的变量测量，特别是被多次引用和验证过的成熟量表作为本书的问卷指标，保证构念的合理性和明确性。还有一部分指标针对中国特色的管理理论和管理环境，参考相关研究对其内涵的界定，并经过与若干相关领域专家的多次讨论最终形成，确保构念的客观性和准确性。在量表的设计过程中，首先根据相关概念和指标形成英文版调研问卷，再将所有英文量表翻译成中文指标，为了保证指标的有效性和可靠性，本书参照Brislin（1980）中回译（Back Translation）的方式进行转换。具体操作为：首先，由学术背景较好的管理学博士研究生对英文指标进行翻译，并保障至少两位博士生对同一指标进行翻译；其次，由至少两位课题组成员对翻译结果进行核对、统一和修正，形成准确、完整的中文量表；最后，由一位具有较强中英文双语表达能力的管理学院海外兼职教授对中英文两版完整指标进行复查和核对，进一步修正和完善调研问卷。

从目前的调研结果来看，企业高管的问卷回收率较低是普遍现象。Gaedeke和Tooltelian（1976）指出，企业高管的问卷回收可接受的比率为20%。为了确保此次调研的问卷回收率，在问卷设计和下一步的调研过程中，主要从以下三个方面采取措施：①问卷的排版格式清晰明了，尽量结构化、模块化。本书将所要调查的变量性质归为几个大类，为被调研人思考问题和填写问卷提供便利。②对调研小组成员进行系统培训，务必保证每一位调研小组成员熟识调研背景资料，并掌握一定的面谈技巧。③要求调研小组成员对被调查人强调问卷的保密原则，避免了被调查人对信息泄露的担心，并在被调查人填写问卷时在场陪同，以便于在被调查人对问卷的信息产生疑问时及时给予解答，保证被调查者能够正确理解问卷信息，从而提高回收问卷的有效性和调研信息的准确性。

此外，还需要对问卷中各项问题的有效性进行检验。根据吴明隆等（2000）的建议，可以将样本分组并进行 T 检验，组间存在显著差异则可证明问卷中所有变量是有区分度的。具体而言，首先对所有样本的问题得分进行加总，将得分从高到低的样本进行排列，按照总分值抽选前27%和后27%的样本作为高分组和低分组；其次将两组样本的每个问题求平均值得到两组数据，对两组数据进行 T 检验。若通过 T 检验，则说明高分组和低分组在各项问题上存在显著差异，问题是有效的；反之，则无效。本书通过了 T 检验，证明问卷中的各个问题均是有效的。

4.1.3 抽样和调研过程

首先，作为本土化研究，将此次调研对象确定为不限行业、规模、地域的中国企业。其次，由于我国存在的地域性差异和经济发展不平衡等因素，在抽样过程中综合考虑了不同地区的企业情况，分别将河南、陕西、山东、江苏、广东共五个省份的企业作为问卷发放对象。其中，分布在我国东部发达地区的山东、江苏、广东市场经济制度相对较为完善；而分布在中西部内陆地区的河南和陕西市场经济发展水平相对较低，制度方面也较不完善。因此，有利于为本书提供更有效的样本。本次调研共发放了 500 份问卷，调研企业主要来自制药、电子、机械等生产加工行业，是与我国环境问题相关度较高的企业。

在实地调研的过程中，具体可以分为预调研、正式调研、建立数据库三个阶段：

（1）预调研阶段。该阶段工作的主要目的是：首先，能够确保问卷所表述的内容符合现阶段我国企业的特点，全面地描述不同行业、不同规模、不同性质的企业情况及本书所需要了解的企业数据；其次，在正式大规模调研之前能够最大限度地避免由于语言描述不清晰或调查方法不科学等方面的问题，提高调查数据的准确性和真实性。预调研阶段的主要工作不是收集数据，而是充分发现调研过程的问题。因此，该阶段的工作不需要面向全国各地区的企业。出于预调研工作效率的考虑，调研组在 MBA 学生中选择 8 位在本省企业担任重要职务的管理者进行问卷发放，并安排和该 8 家企业的相关负责人进行实地面谈。预调研之前确保对调查人员进行充分、详细的培训，并强调预调研工作的内容，即调查人员需要与企业高层管理者进行 1~2 小时的访谈。在得到被调查人的允许后用录音和文字的方式对访谈内容进行记录，主要访谈内容包括两个方面：一是了解调查问卷中的各项问题是否得到正确理解；二是了解被调查人对各项问题的想法和建议。在此基础上，课题组成员会根据具体情况进一步对调研问卷的内容进行更新和升级，而预调研所得数据不录入最终数据库。

在预调研访谈开始时，调查人员需要跟被调查人说明来意，并承诺本次调研问卷的所有数据仅用于科学研究，绝对不作为任何商业用途，所有问题均可放心填写。另外，为被调查人留下调研组成员的电子邮箱或手机号码等联系方式，便于其在发现问卷问题或想提供建议时进行联系。

同时，在预调研过程中，要求调查人员与被调查人进行面对面访谈，调查人员会根据事先准备好的问题与被调查人进行询问，主要包括对调查问卷中专业术语的描述是否能够准确表达其含义，对调查问卷中各项问题的排列是否有利于回答和填写，对调查问卷中文字的整体排版是否感觉舒适等问题。针对上述问题，通过文字和录音的方式进行记录。待预调研结束后，调研人员对预调研中所遇到的问题进行整理和集中讨论，并提出修改方案。之后与企业家代表逐项讨论修改项目。最终交于经验丰富的管理学教授审阅和修订，判断是否符合英文问卷的原意并给出是否同意修改的意见。

通过预调研工作的开展和实施，不仅可以提高调研问卷与我国经济现状和企业特点的契合程度，还可以促进被调研企业的高管等受访对象对调研问卷的理解；另外，还能够减少文字表述和排版方面存在的问题，使经过修改后的调研问卷更加科学有效，从而提高调研结果的准确度。

（2）正式调研阶段。该阶段的工作目的与上一阶段的工作目的截然不同，需要确保程序性和系统性。首先，参与调研的人员必须具有一定的专业知识、调研经验，或系统学习过管理研究方法课程。其次，需要对调研人员进行系统专业的培训。调研人员应尽量从参与预调研的人员中选取，这样有利于事后讨论和对问卷的统一理解。培训主要包括以下内容：介绍本课题的基本内容和框架、本次调研的方式和目的、调研问卷中的几个调研主题、调研问卷中每项问题的具体含义及文献来源；传授调研过程中的访谈技巧；强调实地调研的规范程序；分组分工细化职责，分配企业通讯录及需要联系的负责人等。参与正式调研的人员由12名管理学院的博士研究生组成，以2人一组为单位开展调研。

本次实地调研的规范程序如下：第一，联系某省份的负责人，说明此次调研目的、调研对象，初步征得同意后再联系企业负责人。第二，联系企业负责人，说明调研目的和用途，强调保密协议，确定调研时间和地点到该企业进行调研。第三，发放问卷，询问对问卷的疑问并给予解答；再次强调保密协议；问卷填写过程中，在必要的时候予以指导。第四，回收问卷并进行初步审核，针对漏填的情况进行询问，保证问卷填写率在95%以上。第五，问卷汇总编码。

为了便于数据库的建立与管理，调研组人员采用"字母+数字"的形式对回收的问卷进行统一编号和整理，字母为被调研企业所在省份的拼音首字母，数字为该省份的三位数问卷序列，如陕西省第五家企业的编号为 SX005。根据不同省份的调研对象数量，在当地分派 6~10 个调研人员，2 人一组进行调研工作开展。针对同一家企业，调研小组将发放内容相同的问卷 2 份，分别由两位高管进行单独填写，并在回收后分别编号为 A 卷和 B 卷。在同一企业两位高管填写问卷时由不同的调研人员分别负责，有问题当场讨论。回收问卷后 2 位调查人员分别对 A 卷和 B 卷进行审核，若有漏填及时补充，填写率不足 95% 的问卷被视为无效问卷，出现大面积相同回答的问卷也被视为无效问卷。

　　（3）建立数据库阶段。课题组按照问卷的数据性质采用 Access2003 软件设计不同的数据格式，并将问卷数据一一录入，从而形成本次调研的数据库。在问卷录入过程中，每一份问卷都至少由 2 人录入，对比 2 人录入的数据结果，并对不一致的数据进行校正，得到该份问卷的最终数据，因此可以避免由于人为失误导致的数据错误和偏差。本次调研共回收有效问卷 206 份，将 206 家企业数据录入形成本研究完整的数据库。

4.1.4　样本特征描述

　　本次调研在山东、河南、陕西、江苏、广东 5 个省份发放问卷共 500 份，最终收回 225 份问卷，其中有 19 份问卷因为数据不完善或不齐全而被废除，所以共收回有效问卷 206 份，问卷回收率为 41.2%，远远高于可接受的 20%。能够实现较高的问卷回收率，有两方面的原因：一是政企合作。本次调研课题组直接联系了高新区管理委员会等政府相关部门，通过社会关系接触调研对象，解除企业的顾虑，更愿意配合调研工作的开展。二是利益互惠。本次调研课题组承诺被调研企业，在调研结束后将调研的结果和访谈内容整理分析，为被调研企业存在的问题和未来发展提出可行性建议，并以文本报告的形式回馈给被调研企业。

　　本次调研最终得到 5 个省份的有效样本 206 个。对 206 个样本的分布进行统计，详情如表 4-1 所示。

表 4-1 有效样本的省份分布及所占比例

序号	省份	有效样本数量（个）	所占百分比（%）
1	广东	9	4.4
2	江苏	25	12.1
3	陕西	52	25.3
4	河南	60	29.1
5	山东	60	29.1
合计		206	100

本次调研对象为详细了解作为调研对象企业战略与运作管理情况的董事长、总经理、运作经理等高管。针对问卷中的各项问题他们能够给出与企业情况相符的回答，确保了调研数据的准确性。调研问卷要求被访问人填写职务、年龄、文化程度、工作年限等个人基本信息。受访者在企业担任的职务均为管理者，其中董事长、副董事长、总经理、副总经理、总监、总工程师等高层管理者占61.2%，运营部、研发部、技术部等的中层管理者占38.8%。从年龄来看，大部分受访对象为30~50岁。从学历来看，超过70%的被访问人具有大学本科以上学历，因此能够很好地理解问卷中的问题。此外，所有受访对象的平均工作年限为6.7年，足够掌握企业文化、战略行为、所处环境及未来规划等信息。

本次调研统计了所有对象企业的基本信息，包括企业规模、成立时间、企业性质及所有制类型。从企业规模来看，既有低于50名员工的小企业，也有高于1000名员工的大型企业；从企业成立时间来看，既有成立不足5年的新创企业，也有超过20年的成熟企业；从企业性质来看，高新技术企业和非高新技术企业占比分别为76.70%和23.30%；从所有制类型来看，国有企业、民营企业、集体企业、外商合资企业均有分布，分别占总样本的15.05%、69.90%、4.37%和10.68%。表4-2显示了参与调研的企业基本特征。

表 4-2 企业基本特征情况

	企业的特征	所占百分比（%）
员工人数（人）	≤50	18.93
	51~200	15.05
	201~400	20.87
	401~1000	11.65
	>1000	33.50

续表

	企业的特征	所占百分比（%）
企业年龄（年）	≤5	18.93
	6~10	16.02
	11~15	20.87
	16~20	11.65
	>20	32.53
所有制类型	国有企业	15.05
	民营企业	69.90
	集体企业	4.37
	外资企业	10.68
是否高新技术企业	是	76.70
	否	23.30

4.1.5　样本的可靠性检验

本书随机抽样 500 家企业进行问卷发放，最终回收了 206 家企业样本。为了考察有效样本的整体状况，通过未回应偏差、共同方法偏差及回应者间差异的检验讨论此次调研样本的可靠性。

（1）未回应偏差。因为回收的样本（206 个企业的有效样本）与所考察的总体样本（随机抽取的 500 个被调研企业）在数据分布上存在差异，如企业发展程度、运营机制等，在这种情况下，有效样本无法体现总体样本特征，导致样本可靠性不足。根据现有研究，本书分别采用 T 检验和卡方检验两种方式对未回应偏差进行检验（Armstrong 和 Overton，1977；Lambert 和 Harrington，1990）。首先，从 206 个有效样本中选择填写完整度较高的样本 50 个与完成度较低的样本 50 个（可以看作与未回应的企业类似），对两组样本的关键变量进行 T 检验，分析两组数据是否存在显著性差异。结果显示两组数据之间的差异不显著，说明不存在未回应偏差。其次，未填写问卷的 294 家企业（500 家被调查企业中除去 206 家填写问卷的企业）中随机抽取 50 家企业，对企业规模、企业年龄、所有制类型等信息进行统计，采用卡方检验将该组数据与有效样本企业的数据进行对比。本次卡方检验 p 值均大于 0.1，用于对比的两组数据之间不存在显著差异，表明有效样本企业与未回应企业在组织特征方面的差异不显著。综上所述，本研究回收的 206 个样本可以代表总体样本，未回应偏差是可以接受的。

（2）共同方法偏差。共同方法偏差是在自变量和因变量的数据收集方法相同或来源于同一评分人时出现的内在隐性关联，以及由于被访问者的主观认知导致的共变偏差（Podsakoff 和 Organ，1986；Podsakoff 等，2003）。采用不同的数据来源能够有效地解决共同方法偏差的问题。因此，本研究将调研问卷设计为两个部分，其中（1）卷包含因变量测量，（2）卷包含自变量测量，两部分问卷由企业的不同高管分别填写。采用从不同评分人分别获得因变量和自变量数据的方式可以降低数据同源造成的系统误差。

（3）回应者间差异的检验。回应者间差异是指同一企业的不同被访者在理解调研问卷和对企业情况的认知方面存在差异，这种认知偏差可能会影响调研结果的准确性。本书对问卷进行了回应者间的差异检验，针对不同受访对象间的认知差异，在问卷的两个部分设计了同类型问题（企业基本信息），在问卷回收后对这类问题的得分进行比对，两份问卷差异较大时联系被调查人核对，无法调整时问卷作废。在回收的 206 份有效问卷中，并未发现认知差异导致的误差，因此可以认为所回收的数据回应者之间的差异不显著。

4.2　变量测量

4.2.1　测量指标设计的基本原则

设计变量测量指标需要遵循"概念—名义变量—操作变量—测度"的过程，指标的选择与描述做到有据可依，不仅要向被访问者准确表达研究所需要的信息，而且要便于被访问者作答，保证其科学性与可操作性。具体地，本书采取以下四个步骤来进行测量指标的设计：

首先，确定研究范围，对与本研究中的研究变量相关的文献进行检索，总结现有文献中已被证明有效的相同变量或相关变量的内涵和测量指标（Mumford等，1996）。其次，将本研究中的研究变量内涵与现有文献中相同或相关的变量内涵进行比较判断，当内涵相同时，可直接采用现有文献中的成熟量表；当内涵存在差异时，在现有文献中相关变量的指标中选择能够准确描述本研究中变量的指标。再次，由于中西方语言和文化的差异，需要对现有外文文献中的指标进行翻译，在不改变英文度量内涵的基础上，对其表述方式进行针对性的修改，使其更加符合中国人的阅读习惯。最后，对于本书中具有中国情境或转型经济背景的变量，需要根据其特殊情境进行挖掘和设计，并经过与相关研究领域的管理学专家和教授的反复讨论形成最终量表，使之与我国的环境相匹配。

通常情况下，很多研究都有其特定的对象与背景，特别是创新性研究中的新变量无法直接借鉴成熟的测量指标，而需要建立和开发新的量表。而且对于新变量指标的设计是一项更具有挑战性的工作。根据 Dillman（1978）提供的总体设计方法，需要进行大量且严谨的工作来构造指标。①整理和分析现有文献中的相关概念，并通过个人面谈、开放式调查、焦点小组访谈、关键事件法等方式，确定新变量的内涵、维度、结构等重要内容，将抽象性定义转化为操作性描述，形成初始量表（Mumford 等，1996）。②通过试调研进行数据收集，对设计好的初始量表进行探索性因子分析，验证初始量表中的核心因子和本质结构。③排除掉与结构变量相关性较低的指标，形成修正后的量表，进行二次试调研收集数据，将其与初次试调研数据进行对比检验，分析修正后量表的可靠性。④再次进行试调研，利用收集的数据检验量表中的指标对结构变量内涵的解释程度，确立最终量表。总之，测量指标的设计需要经历反复的试调研与检验，是一个严谨且漫长的过程。

4.2.2 变量的测量指标

本书将所有变量的抽象性内涵转换为操作性指标，通过可观测的描述来表示所要研究的变量。根据常用的变量测量方法，本书沿用李克特5级量表（Likert-type Scale）来衡量各变量的程度。通过被访问者对每一项描述进行打分的方式来测量企业战略认知与行为、企业特质及外部环境等变量。采用这种主观数据的方式，不但弥补了客观数据难以衡量某些变量的不足，而且在某一方面体现了受访者的主观感知，从而更确切地描述了本研究的核心变量。被访问者被要求根据自己的主观直觉对每一项的企业情况描述符合程度进行 1~5 评分，符合程度越高则分数越高。

4.2.2.1　企业悖论认知

悖论是指存在于相互依赖的要素之间的持续性矛盾，是一个经过实践验证的概念（Schad 等，2016）。主要起源于东西方哲学，强调了对立和矛盾双方之间的张力，且矛盾双方是互相依存的（Lewis，2000；Peng 和 Nisbett，1999）。面对复杂多变的任务和矛盾困境，企业领导需要有效协调和平衡组织矛盾，解决组织张力。因此，企业悖论认知是指企业能够准确识别企业运营过程中的各种悖论，并采取看似相互竞争却又相互关联的行为，从而同时并持续地满足结构和追求者的需求。

在设计变量时，本书基于 Lewis（2000）、Smith 和 Lewis（2011）、Schad 等（2016）等对悖论的界定以及 Lewis 等（2014）和 Zhang 等（2015）对悖论型领导的界定，并基于具有深厚的东方文化且正处于转型经济的背景，提出以下七个指标对企业悖论认知进行测量：①在关注未来趋势的同时也要充分考虑现实条件；②在关注机会的同时也要充分考虑风险；③在关注机会的同时也要充分考虑资源储备；④在制定竞争战略的同时也要充分考虑竞争对手的反应；⑤在关注经营结果的同时也要充分重视经营过程；⑥在强调专业化分工的同时也要充分重视部门间的协作；⑦在强调战略行为积极影响的同时也要充分努力避免其负面影响。

4.2.2.2　政策机会识别

机会识别是指创业者或企业家对行业、技术、市场、政策等方面的信息进行收集、理解和利用，并从中认识和发现企业创造和发展的机会（Ozgen 和 Baron，2007）。政策机会识别主要体现企业领导对政策信息中的机会发现。

在构建变量时，本书基于 Guo 等（2016）、Ozgen 和 Baron（2007）、Wihler 等（2017）的相关研究，采用以下五个指标对政策机会识别进行测量：①识别到政府政策带来的商机；②识别到政府规划带来的商机；③识别到现有政策和规划的变化带来的商机；④识别到政治环境的变化带来的商机；⑤识别到行业政策的变化带来的商机。

4.2.2.3　企业技术升级

企业技术升级是指企业技术水平的提高，包括对现有技术使用和发挥的提升，以及技术的突破式进步。企业技术升级体现的是企业技术进步和技术效率水平提升对工业技术综合促进作用。

在构建变量时，本书基于 Atkeson 和 Burstein（2010）、Bustos（2011）、

Yeaple（2005）等对企业技术升级的界定，通过以下四个指标进行测量：①通过外部合作获取了新的生产运作技能；②通过外部合作更新了生产技术；③公司不断试验总结了新的生产技能；④公司不断试验开发了新的生产技术。

4.2.2.4 企业环境责任

企业环境责任（ECSR）是企业社会责任（CSR）的一种，是指企业自愿承担环境保护责任，为了遵守环保标准和规则、满足政府对改善生态的期望而采取的控制污染排放、优化生产结构、提高环保技术等行为。企业环境责任强调企业在提高生产发展的同时，还要致力于生态保护与环境治理工作。企业环境责任和经济目标是共存依赖的关系，单方面追求财务绩效的提升将难以维持企业的长期可持续发展，积极采取适当的方式能够实现二者协同发展。

本书借鉴 Lee 等（2018）、Wei 等（2017）对企业环境责任的研究，具体采用以下四个指标来测量企业环境责任：①本公司产品比其他公司更环保；②本公司产品的生产过程比其他公司更节省资源；③本公司产品的生产过程比其他公司污染更小；④本公司产品比其他公司更容易回收利用。

4.2.2.5 恶性竞争

恶性竞争体现了制度环境的不完善，又被称为不正当竞争或非法竞争，是指市场中经常出现的不公平竞争行为、专利和版权常常遭受侵犯、正式合同的监管和执行低效等。恶性竞争反映了竞争形势，但却依赖于制度框架和市场支持机构的存在，完善的产权保护制度体系与配套的制度执行机构会抑制模仿和非法活动。因此，制度的有效性越高，恶性竞争发生的可能性就越低。

借鉴 Li 和 Zhang（2007）、Liu 和 Atuahene Gima（2018）开发的测量量表，本书采用五个指标来测量恶性竞争：①非法复制新产品的竞争现象时有发生；②其他公司经常伪造本公司的产品或商标；③其他公司不公平竞争行为不断增加；④本公司知识产权经常受到其他公司的侵害；⑤很难依赖法律法规保护本公司的知识产权。

4.2.2.6 制度缺失

制度环境反映了地方政府或行业为企业提供经营依据的程度，包括法律法规、行业标准、行业规范等。制度缺失是指相关政策和行业标准不明确，无法保护公司的商业利益和财产，如获取支付的权利、收回财务利益等。

本书基于 Puffer（2010）、Zhou 和 Poppo（2010）等对制度的测量，具体采用以下五个指标来测量制度缺失：①相关法律法规尚不完善；②相关法规和政策不明确；③相关法规和政策存在很多空白；④政府政策不足以对本公司实践过程提供指导；⑤政府政策不足以对本公司经营提供详细的操作意见。

4.2.2.7　竞争强度

竞争强度作为最典型的市场特征，是指所处行业在市场中面临竞争的激烈程度，体现了市场竞争对企业生存机会造成的影响。

根据 Jaworski 和 Kohli（1993）对竞争强度的研究，激烈的竞争环境会给企业同时带来机会和挑战。本书结合 Boso 等（2012）、Chan 等（2012）研究成果，采用五个指标来测量市场竞争的激烈程度：①本公司所处行业市场竞争很残酷；②竞争公司经常生产销售与本公司类似的产品；③本公司所处行业市场经常发生促销大战；④本公司所处行业市场经常出现各种新的促销手段；⑤竞争公司经常试图抢夺本公司的客户。

4.2.2.8　控制变量

企业环境责任作为企业层面的因变量，不可避免地受到企业规模、成立年限、行业类型等因素的影响。为了得出拟合度更高的模型，需要将这类因素纳入回归方程进行控制。根据以往研究，本书选择以下控制变量：

（1）企业年龄。企业年龄是指从企业成立到被采访时企业经营的时长，通常以年为计量单位。企业年龄反映了组织发展的成熟程度，是最重要的组织特征之一。企业年龄从一定程度上体现了其所处的生命周期，因此会对企业经营活动产生不可忽视的影响（Ketchen 等，1996）。企业成立的时间越长，将积累更多的资本用于践行环境责任。由于企业年龄分布通常不是正态分布，会存在左偏或右偏的情况，可以采用将数据取对数处理后纳入回归方程的方式来降低统计误差。

（2）企业规模。企业规模是指按照员工数量、销售额、资产总额等标准划分的企业大小。企业规模越大，通常表示企业拥有足够的资源和强大的能力支持其践行环境责任。本书采用与国际通行做法一致的员工数量作为衡量企业规模的指标，符合主流研究对于企业规模的界定。企业年龄类似，企业规模也属于数量型变量，容易带来统计误差，取自然对数后使其更符合正态分布，从而提高数学模型的拟合程度。

（3）行业类型。本书从两方面进行了行业类型的控制：一方面对企业是否属于高新技术行业进行控制。对于高新技术企业而言，对绿色实践的意识更强烈；同时，高新技术行业技术变化速度较快，从而会影响企业实施环境责任行为。本书采用虚拟变量，即"贵企业是否为高新技术企业"对行业类型进行测量，是高新技术企业赋值 1，否则赋值 0。另一方面根据产品对行业进行分类。由于企业所处的行业不同，在实施绿色责任行为时通常会存在一定的差异。例如，对于互联网行业的企业产品跟加工行业产品相比更加节省资源和环保。而且，各行业的发展速度存在差异，企业面临的环境责任压力也各不相同，从而影响企业进行绿色实践活动。本书将行业类型分为"食品与纺织""化工医药""电气机械和器材制造""通信电子及仪器仪表""专用及通用设备""其他"六种。按照以往研究对行业类型的控制，将前五类行业作为五个虚拟变量给每个样本赋值并进行控制（Zhang 和 Zhou，2013；Zhou 等，2014）。

4.3　统计分析方法介绍

本书采用的数据统计软件包括 SPSS 22、LISREL 8.5、MATLAB，具体的分析和检验过程包括所有变量的描述性统计分析、结构变量信度和效度分析和多元回归分析。描述性统计分析计算模型中所有变量的均值、标准差以及变量之间的相关系数，反映了各变量的基本特征和可区分度。结构变量信度分析主要检验内部一致性，效度分析包括内容效度检验和结构效度检验，重点关注结构收敛效度与区别效度。多元回归分析用于验证模型中因变量与自变量之间的关系，并利用逐层回归分析法（Hierarchical Regression Analyses）进行逐一说明。

4.3.1　多元回归方法

多元回归分析是分析因变量与两个以上的自变量关系时所采用的回归分析方法，根据最小二乘法（Ordinary Least Square，OLS）回归模型估计出与样本散点分布拟合程度最高的回归模型，原理是将所有样本值与期望值之差进行平方加总，得出离差平方和 Q 值，计算公式如下：

$$Q = \sum (Y_i - \hat{Y}_i)^2 \tag{4-1}$$

$$\hat{Y}_i = b_0 + b_1 X_1 + b_2 X_2 + \cdots + b_n X_n \tag{4-2}$$

其中，当 Q 值达到最小时得到最优回归方程；Y_i 表示各样本值；$\hat{Y}_i$ 表示期望值。

本书中，回归方程中的因变量为企业环境责任，自变量包括企业规模、企业年龄、行业类型等控制变量，悖论认知、政策机会识别、技术升级等主要预测变量，恶性竞争、制度缺失、竞争强度等调节变量。按照逐层回归分析的方法，本书在回归模型中逐渐增加预测变量，不断提高模型的拟合程度，从而验证核心自变量、中介变量、调节变量对因变量的影响作用。

在多元回归过程中，针对不同的因变量和预测变量形成多个回归方程，利用 F 检验、T 检验、R^2 等指标可以判断回归方程的拟合程度。其中，F 检验分析了回归均方差与均方残差之间的差异，体现了回归方程对各变量关系的解释程度。T 检验则分析了自变量对因变量的影响程度。回归系数则体现了自变量对因变量的影响方向。R^2 反映了所有预测变量对因变量的解释程度，ΔR^2 则表示新增加的预测项对因变量变异的贡献。

4.3.2　多重共线性检验

由于多元回归模型中存在不止一个预测变量对因变量的影响，当自变量之间存在显著性相关关系时，会形成对因变量的重复解释，导致回归方程产生偏差，这就是多重共线性问题。现有研究主要采用方差膨胀因子（VIF Value）或者容限度（Tolerance）诊断多元回归模型中的多重共线性问题。自变量的方差膨胀因子（VIF)$_j$ 通过以下公式计算：

$$(VIF)_j = \frac{1}{(1-R_j^2)} \tag{4-3}$$

其中，R_j^2 表示当 x_j 作为因变量时对其他自变量进行回归的重复测定系数。

为了检验回归模型的多重共线性问题是否可接受，现有研究给出上述指标的可接受标准。通常情况下，所有方差膨胀因子均小于 10 或平均值小于 2，则认为模型中自变量的多重共线性可以被忽视。而容限度的可接受标准为大于 0.10，因为该指标是方差膨胀因子的倒数。两个指标均可用于多重共线性检验。

4.3.3　中介效应的检验

本书利用多元回归方法构建因变量、自变量与中介变量之间的关系方程。中介效应的原理展示如图4-1所示，在自变量影响因变量的过程中，需要经过中介变量对因变量进行解释。因此，为了检验中介效应是否显著存在，本书的具体操作如下：假设要验证变量 M 在自变量 X 影响因变量 Y 的过程中存在中介效应。首先，以 Y 为因变量对 X 进行回归，得出回归方程（4-4），检验方程与系数的显著性；其次，以 M 为因变量对 X 进行回归，得出回归方程（4-5），检验方程与系数的显著性；最后，以 Y 为因变量对 X 和 M 进行回归，得出回归方程（4-6），与回归方程（4-5）中的系数进行比较，得出结论。

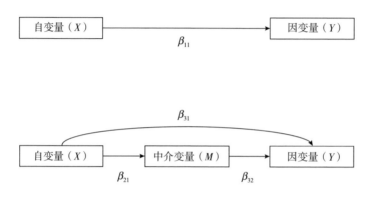

图4-1　中介效应示意图

$$Y=\beta_{10}W+\beta_{11}X+\varepsilon_1 \tag{4-4}$$

$$M=\beta_{20}W+\beta_{21}X+\varepsilon_2 \tag{4-5}$$

$$Y=\beta_{30}W+\beta_{31}X+\beta_{32}M+\varepsilon_3 \tag{4-6}$$

其中，W 是控制变量；ε_1、ε_2、ε_3 是常数项；β_{10}、β_{11}、β_{20}、β_{21}、β_{30}、β_{31}、β_{32} 是回归系数。

对上述各方程和回归系数进行逐一检验，并以此判断自变量 X 是否通过变量 M 对因变量 Y 产生影响，具体如下（Baron 和 Kenny，1986）：

第一，在回归方程（4-4）中，检验自变量 X 对因变量 Y 的影响是否显著，即回归系数 β_{11} 的显著性。如果自变量和因变量的关系不显著，则停止下一步分析。

第二，在回归方程（4-5）中，检验自变量 X 对变量 M 的影响是否显著，即回归系数 β_{21} 的显著性。如果二者关系不显著，则停止下一步分析。

第三，在回归方程（4-6）中，将因变量 X 和变量 M 均引入方程，在加入变

量 M 的影响作用后，分析自变量 X 是否仍然对因变量 Y 具有显著的影响，并与回归方程（4-4）中的关系进行对比。如果 $\beta_{32} \neq 0$，而回归系数 β_{31} 是不显著的，说明变量 M 是自变量 X 影响因变量 Y 的完全中介变量。如果 $\beta_{32} \neq 0$，而回归系数 β_{31} 是显著的，且 $\beta_{31} < \beta_{11}$，说明引入变量 M 后，变量 X 对变量 Y 的影响减弱，变量 M 是自变量 X 影响因变量 Y 的部分中介变量。如果 $\beta_{32} \neq 0$，而回归系数 β_{31} 是显著的，且 $\beta_{31} \geq \beta_{11}$，说明变量 M 不是中介变量。

4.3.4　调节效应的检验

本书同样采用多元回归分析来构建因变量、自变量与调节变量之间的关系方程。现有研究认为，当某一变量发生变化时，自变量与因变量之间的关系也随之发生变化，该变量则存在调节效应（James 和 Brett，1984），其原理展示如图 4-2 所示。一般情况下，调节效应包括正向调节和负向调节两种，正向调节是指当调节变量增大时，自变量对因变量的正向影响增大，或负向影响减小；负向调节则相反，当调节变量增大时，自变量对因变量的正向影响减小，或负向影响增大。也有研究提出倒"U"形调节，随着调节变量的增大，自变量和因变量的关系系数先增大后减小。本书不涉及非线性调节，因此不予深入探讨。

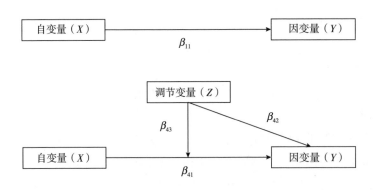

图 4-2　调节效应示意图

为了检验变量 Z 的调节效应，具体操作是将自变量 X 与变量 Z 的乘积项引入回归方程。首先，以 Y 为因变量对 X 进行回归，得出回归方程（4-4），检验方程与系数的显著性；其次，以 Y 为因变量对 X 和 Z 进行回归，得出回归方程

（4-7）；最后，以 Y 为因变量对 X、Z 和乘积项 XZ 进行回归，得出回归方程（4-8），检验系数的显著性与正负，得出结论。

$$Y=\beta_{10}W+\beta_{11}X+\varepsilon_1 \tag{4-7}$$

$$Y=\beta_{40}W+\beta_{41}X+\beta_{42}Z+\varepsilon_4 \tag{4-8}$$

$$Y=\beta_{40}W+\beta_{41}X+\beta_{42}Z+\beta_{43}XZ+\varepsilon_5 \tag{4-9}$$

其中，W 是控制变量；ε_4、ε_5 是常数项；β_{10}、β_{11}、β_{40}、β_{41}、β_{42}、β_{43} 是回归系数。

根据上述公式中系数的显著性来判断变量 Z 是不是自变量 X 与因变量 Y 之间关系的调节变量。首先，在式（4-7）中，检验自变量 X 对因变量 Y 的影响是否显著，即回归系数 β_{11} 的显著性，如果二者关系不显著，则停止下一步分析。然后，在式（4-9）中，检验方程中乘积项 XZ 对因变量 Y 的影响是否显著，即回归系数 β_{43} 的显著性，并根据系数 β_{43} 的正负值判断调节效应的影响。通常情况下，为了检验 Z 的调节效应，需要首先控制变量 Z 对因变量 Y 的直接影响，因此可将变量 Z 作为控制变量纳入方程。需要特别注意的是，本书将乘积项 XZ 作为一个预测项纳入回归方程，此时需要对上述变量进行均值中心化处理，可以排除直接效应和乘积项影响导致的多重共线性问题（Aiken 和 West，1991）。

4.4 小结

本章详细介绍了研究对象、问卷设计与变量测量方法、抽样与数据收集过程等内容。特别对于本书的主要量表的形成过程进行了具体说明。最后，简单阐述了本书使用的数据处理软件、统计方法和计算原理。

5

实证分析与结果

本章采用第 4 章介绍的统计分析方法对样本数据进行分析，检验第 3 章提出的假设。采用描述性统计分析方法，分别计算均值、标准差、相关系数等指标，然后对结构变量量表进行信度和效度分析，最后在上述分析和检验通过的基础上，用多元回归的方法构建回归方程，检验变量之间的关系。

5.1 描述性统计分析

描述性统计分析是最基本的数据分析，反映数据分布的一般水平，本书用于分析的变量包括控制变量（企业年龄、企业规模、企业类型）、调节变量（恶性竞争、制度缺失、竞争强度）、自变量（企业悖论认知）、中介变量（政策机会识别、技术升级）、因变量（企业环境责任），指标包括各变量的均值、标准差及相关系数。通过计算各变量的均值和标准值，可以判断每个变量的基本分布情况；计算变量之间的相关系数，反映了变量之间的相互依赖程度，可以判断变量是否存在过于一致及因此导致的多重共线性的问题。通常情况下，当相关系数不大于 0.7 时，可以认为变量之间存在显著差异，不会造成严重的多重共线性问题（吴明隆，2000）。本书利用 SPSS 22 计算出上述变量之间的皮尔森相关系数，系数表如表 5-1 所示。根据双变量相关系数发现，本书所有变量之间的相关系数都没有超过 0.7，表明本书所有变量之间的相关性是可以接受的。其中，企业年龄和企业规模之间的相关系数为 0.640，说明企业年龄和企业规模存在一定的相关

表 5-1 描述性统计结果 (N=206)

变量	平均值	标准差	1	2	3	4	5	6	7	8	9	10	11	12	13	14
1. 企业年龄	2.288	0.794														
2. 企业规模	5.265	1.519	0.640***													
3. 企业类型	0.757	0.430	0.176*	0.029												
4. 食品与纺织	0.058	0.235	0.011	0.121+	-0.294***											
5. 化工医药	0.155	0.363	-0.060	-0.064	-0.007	-0.107										
6. 电气机械	0.126	0.333	0.117+	0.001	0.079	-0.095	-0.163*									
7. 通信电子	0.189	0.393	-0.091	-0.167*	0.158*	-0.120+	-0.207**	-0.184**								
8. 通用设备	0.345	0.476	0.081	0.164*	0.077	-0.180*	-0.311***	-0.276***	-0.350***							
9. 恶性竞争	3.244	0.835	0.100	0.002	0.109	-0.202**	0.019	-0.041	-0.061	0.207**						
10. 制度缺失	3.097	0.858	-0.069	-0.139*	0.134*	-0.149*	-0.064	-0.077	0.104	0.079	0.296***					
11. 竞争强度	3.797	0.766	0.146*	0.216**	-0.041	-0.026	-0.002	0.032	-0.073	0.032	0.505***	0.074				
12. 企业悖论认知	4.157	0.602	-0.102	-0.027	0.046	-0.026	0.098	-0.131+	-0.044	-0.015	0.101	0.024	0.143*			
13. 政策机会识别	3.657	0.776	0.009	0.129+	0.127+	-0.142*	-0.001	-0.096	-0.007	0.097	0.066	0.076	0.066	0.318***		
14. 技术升级	3.760	0.665	-0.067	-0.053	0.183***	-0.066	0.004	-0.033	-0.054	0.059	0.049	0.000	0.034	0.347***	0.313***	
15. 企业环境责任	3.973	0.721	-0.170**	-0.141*	0.109	0.024	0.039	-0.138*	-0.051	0.013	0.013	-0.015	-0.018	0.333***	0.330***	0.616***

注：+表示 p<0.1，*表示 p<0.05，**表示 p<0.01，***表示 p<0.001。

性，但是不超过 0.7，说明两个变量是独立的。虽然相关系数表中显示其他几个结构变量之间也存在显著的相关性，但后续检验工作发现本书中的所有变量均为独立变量且可区分。

5.2　信度与效度分析

在进行统计回归分析前，需要对各结构变量的信度与效度进行检验，保证本书对所有变量的测量是可靠且有效的。

5.2.1　变量信度检验

信度分析是指对变量测量的可靠性进行分析，能够反映量表在不同时间或不同项目经过反复测量是否具有足够的稳定性和一致性，主要原理是分析测量同一结构变量的各指标之间的相关关系，判断其内部一致性（Nunnally，1967）。按照通用的实证分析方法，本书通过计算 Cronbach'α 系数和组合信度 CR 来分析各结构变量指标的内部一致性（Nunnally，1967；Fornell 和 Larcker，1981）。

具体的判断标准为：Cronbach'α 系数和 CR 越趋近于 1，表示变量指标的内部一致性越强，信度越高。对于成熟量表，各结构变量的 Cronbach'α 系数和 CR 大于 0.7 即为可接受；对于新开发的量表，大于 0.6 即为可接受（Nunnally，1967；Fornell 和 Larcker，1981）。根据相关文献的定义和测量形成了本书的变量测量，变量信度分析结果如表 5-2 所示，表明本书所有的结构变量指标内部一致性较好，信度是可接受的。

表 5-2　变量信度分析结果

变量及指标	信度系数	载荷
企业悖论认知		
关注未来趋势的同时也要充分考虑现实条件	$\alpha = 0.914$	0.802
关注机会的同时也要充分考虑风险	AVE = 0.615	0.853
关注机会的同时也要充分考虑资源储备	CR = 0.917	0.762

续表

变量及指标	信度系数	载荷
企业悖论认知		
制定竞争战略的同时也要充分考虑竞争对手的反应	α = 0.914 AVE = 0.615 CR = 0.917	0.747
关注经营结果的同时也要充分重视经营过程		0.816
强调专业化分工的同时也要充分重视部门间的协作		0.868
强调战略行为积极影响的同时也要充分努力避免其负面影响		0.857
政策机会识别		
识别到很多政府政策带来的商机	α = 0.916 AVE = 0.683 CR = 0.915	0.880
识别到很多政府规划带来的商机		0.893
识别到很多现有政策和规划的变化带来的商机		0.897
识别到很多政治环境变化带来的商机		0.841
识别到很多行业政策的变化带来的商机		0.814
技术升级		
通过外部合作获取了新的生产运作技能	α = 0.722 AVE = 0.554 CR = 0.832	0.710
通过外部合作更新了生产技术		0.692
公司自己不断试验总结了新的生产技能		0.789
公司自己不断试验开发了新的生产技术		0.782
企业环境责任		
本公司产品比同行其他公司更环保	α = 0.878 AVE = 0.678 CR = 0.892	0.904
本公司产品生产过程比同行其他公司更节省资源		0.904
本公司产品生产过程比同行其他公司污染更小		0.909
本公司产品比同行其他公司更容易回收利用		0.729
恶性竞争		
非法复制新产品的竞争现象时有发生	α = 0.867 AVE = 0.546 CR = 0.856	0.789
其他公司经常伪造本公司的产品或商标		0.751
其他公司不公平竞争行为不断增加		0.867
本公司知识产权经常受到其他公司的侵害		0.829
很难依赖法律法规保护本公司的知识产权		0.814
制度缺失		
相关法律法规尚不完善	α = 0.875 AVE = 0.593 CR = 0.878	0.746
相关法规和政策不明确		0.773
相关法规和政策存在很多空白		0.873
政府政策不足以对本公司实践过程提供指导		0.892
政府政策不足以对本公司经营提供详细的操作意见		0.801

变量及指标	信度系数	载荷
竞争强度		
本公司所处行业市场竞争很残酷		0.820
竞争公司经常生产销售与本公司类似的产品	$\alpha = 0.853$	0.788
本公司所处行业市场经常发生促销大战	AVE = 0.547	0.836
本公司所处行业市场经常出现各种新的促销手段	CR = 0.857	0.739
竞争公司经常试图抢夺本公司的客户		0.803

5.2.2 变量内容效度检验

效度分析是指判断变量指标从多大程度上解释了所要测量的概念内涵，包含内容效度分析（Content Validity）和结构效度分析（Construct Validity）。内容效度检验是通过逻辑来判断问卷中所有指标能否反映本书所研究变量的内容和范围（Churchill，1979）。为了尽可能地提高本书变量测量的内容效度，采取以下操作方式：

一方面，对研究变量的内涵和范围的界定清晰，保证其能够准确地传达本书希望了解企业哪些方面的情况。为了便于被访问者理解问卷中各指标的具体所指，通过问卷文本指导和现场口头指导的方式向目标企业详细说明此次调研的目的和问卷的填写方法。为了提高获得企业信息的真实性，强调问卷数据的保密措施和数据处理方式，绝不用于任何商业目的。另一方面，通过与相关研究领域的专家与企业管理者的研讨，广泛听取他们的意见，对问卷测量指标进行修正和完善，保证其科学性和可操作性。

5.2.3 变量结构效度检验

结构效度分析主要包括聚敛效度（Convergent Validity）和区别效度（Discriminant Validity）两个方面的内容。前者体现了变量测度对其解释的结构变量的依附程度，而后者则体现了变量测度对其他结构变量的区分程度（Campbell 和 Fiske，1959）。因此，结构效度检验的目的是确保各变量指标准确度量其依附的变量而非其他变量（Churchill 等，1985）。本书利用 LISREL 8.5 计算出各指标在因子变量上的载荷（Loading）和平均方差萃取值（Average Variance Extracted，AVE），从而检验结构效度是否通过。

结构效度检验的具体操作是对问卷中所有测量进行探索性因子分析（CFA），得出所有因子变量、所有指标对所测因子变量的载荷和显著性以及 AVE 值。聚敛效度分析可以通过载荷与 AVE 值来判断，具体标准为：①某指标对所测因子变量的载荷是显著的，而且载荷值大于 0.7，表示该指标是合适的。就企业层面的变量而言，每个因子变量通常对应 3~7 个指标，若这些指标的载荷值和显著性都通过了检验，说明该变量的测量指标聚敛效度是可接受的（Fornell 和 Larker，1981）。后来有研究认为，载荷值大于 0.4 即可被认为通过了检验（Ford 等，1986）。②AVE 值表示某个因子变量对应的所有指标对该因子共同解释的程度，该值超过 0.50 则可判断其测量指标的聚敛效度是显著的。本书分析结果如表 5-2 所示，所有度量指标对所测因子变量的载荷均大于 0.7，而且 AVE 值均大于 0.5，表明本书变量测量的聚敛效度是显著的。

区别效度主要依靠 AVE 值与相关系数的比较来判断，具体标准为：将某变量的 AVE 值求平方根，表示该变量对应的所有指标变异带来的变量变异平均值，计算该变量与其他变量的相关系数与 AVE 的平方根进行比较，若 AVE 的平方根大于所有相关系数，那么可认为此变量的测量指标与另外那些变量间存在显著的区别效度（Fornell 和 Larcker，1981）。本书的分析结果如表 5-3 所示，所有变量 AVE 值的平方根均大于该变量与其他变量的相关系数值，表明问卷中所有变量的区别效度是都可接受的。

表 5-3　本书变量间的区别效度检验

变量	1	2	3	4	5	6	7
1. 恶性竞争	**0.739**						
2. 制度缺失	0.296 ***	**0.770**					
3. 竞争强度	0.505 ***	0.074	**0.740**				
4. 企业悖论	0.101	0.024	0.143 *	**0.784**			
5. 政策机会识别	0.066	0.076	0.066	0.318 ***	**0.826**		
6. 企业技术升级	0.049	0.000	0.034	0.347 ***	0.313 ***	**0.744**	
7. 企业环境责任	0.013	−0.015	−0.018	0.333 ***	0.330 ***	0.616 ***	**0.823**

注：* 表示 $p<0.05$，*** 表示 $p<0.001$。

5.2.4　共同方法偏差

共同方法偏差会影响样本的可靠性，具体是指在自变量和因变量的数据收集方法相同或来源于同一评分人时出现的内在隐性关联、由于被访问者的主观认知导致的共变偏差。以往研究针对共同方法偏差的来源提供了检验与控制方法，本书针对研究中可能存在的方法偏差来源采取了相应的措施，具体如下：

首先，采用 Harman 单因子检验。该方法通过分析所有变量对总体变异的解释比例来判断是否存在共同方法偏差，具体操作为：将所有测量指标进行未旋转的探索性因子分析，如果析出的第一因子（对总体变异解释比例最大的因子）对总体变异的解释低于 40%，表明不存在共同方法偏差。

其次，采用偏相关法也可检验和控制共同方法偏差。具体操作为：检验自变量与因变量的偏相关与零阶相关的差异是否显著，如果差异不显著则表明不存在共同方法偏差；如果差异显著，可以采用分离出方法偏差来源作为协变量的方式来控制共同方法偏差。

经过上述检验，本书不存在共同方法偏差问题。此外，本书采用从不同评分人分别获得因变量和自变量数据的方式，可以有效控制数据同源造成的共同方法偏差。而且，在变量信度检验中，调研问卷的所有指标具有较强的稳定性，经过多次测量后仍能保持内部一致性，说明该问卷具有较好的多回应稳定性。

5.3　回归结果分析

本书利用回收的 206 份有效样本对理论假设进行检验，使用 SPSS 22 统计软件对数据进行多元回归分析，根据 OLS 回归方法构建回归方程模型。为了证明各预测变量对因变量的直接影响、中介作用和调节作用，可以采用逐层回归分析的方法在回归模型中逐渐增加预测变量，构建多个回归模型。由于本书涉及调节变量的检验，需要将乘积项引入回归方程，因此在回归分析之前，将所有变量进行均值中心化处理，从而避免多重共线性的影响。逐层回归分析的具体操作为：①以政策机会识别和技术升级为因变量，首先加入控制变量，其次加入企业悖论认知，判断企业悖论认知对政策机会识别和技术升级的影响；②以企业环境责任为因变量，首先加入控制变量，其次加入企业悖论认知，判断企业悖论认知对环境责任的影响；③在②的基础上分别加入政策机会识别和技术升级，并尝试共同加入上述变量，检验上述变量回归系数的显著性和企业悖论认知的系数和显著性的变化，判断上述变量的中介效应；④以企业环境变量为因变量，首先加入控制变量，其次加入政策机会识别和技术升级，最后加入调节变量和上述变量的交互项，判断调节效应。本书形成的 11 个回归模型，预测变量的 VIF 值都远小于 10，且所有 VIF 值的平均值小于 2，表明不存在多重共线性问题。表 5-4 展示了回归分析结果。

5.3.1 企业悖论认知对环境责任的作用

分层回归的过程如表 5-4 所示，从模型 5 到模型 11 以企业环境责任为因变量进行分析。第一步只放入控制变量，在模型 5 中分析控制变量和企业环境责任之间的关系；第二步把企业悖论认知作为自变量加入回归方程，在模型 6 中进一步分析和检验企业悖论认知与环境责任的关系。结果显示，模型 5 中 F 值显著水平为 0.01（p<0.01），而模型 6 的 F 值显著性水平为 0.001（p<0.001），都是合理的回归方程，而且模型 6 中调整后的 R^2 是 0.189，比模型 5 增加了 0.088，模型 6 显示企业悖论认知和环境责任之间的正相关关系是显著的（β = 0.319，p<0.001），说明企业悖论认知有利于促进环境责任的提升（假设 1 得到支持）。

5.3.2 政策机会识别的中介作用

本书分析了政策机会识别在企业悖论认知影响环境责任中的中介作用。首先，假设 1 得到了支持，即企业悖论认知正向影响环境责任；其次，通过模型 1 和模型 2，检验企业悖论认知对政策机会识别的影响；最后，将企业悖论认知和政策机会识别同时放入以企业环境责任为因变量的回归方程（模型 7），分析政策机会识别对企业环境责任的影响是否显著，且企业悖论认知对环境责任的影响是否受到影响。

模型 2 的回归结果显示，企业悖论认知对政策机会识别的正向影响是显著的（β = 0.347，p<0.001），且企业悖论认知可以解释政策机会识别 28.5% 的变异，

表明企业悖论认知正向影响政策机会识别（假设 2 得到支持）。另外，在模型 7 中，政策机会识别和企业环境责任之间的关系是正向且显著的（$\beta = 0.333$，$p < 0.001$），而且额外的变异解释量为 37.3%，表明政策机会识别正向影响企业环境责任（假设 4 得到支持）。另外，模型 7 中企业悖论认知对企业环境责任的回归系数（$\beta = 0.258$，$p < 0.001$）小于模型 6 中的回归系数（$\beta = 0.319$，$p < 0.001$）。因此，可以认为政策机会识别在企业悖论认知与环境责任之间起部分中介作用。

表 5-4　回归分析结果

	因变量：政策机会识别		因变量：技术升级	
	模型 1	模型 2	模型 3	模型 4
控制变量				
企业年龄	-0.215*** (0.086)	-0.188** (0.082)	-0.172** (0.081)	-0.137* (0.078)
企业规模	0.394*** (0.087)	0.340*** (0.084)	-0.131+ (0.084)	-0.106 (0.079)
企业类型	0.142+ (0.072)	0.097 (0.069)	0.225** (0.073)	0.206** (0.070)
食品纺织	-0.171* (0.081)	-0.153+ (0.077)	0.015 (0.083)	-0.004 (0.079)
化工医药	-0.076 (0.093)	-0.022 (0.090)	0.064 (0.095)	0.044 (0.090)
电气机械	-0.169+ (0.090)	-0.067 (0.087)	-0.102 (0.092)	-0.040 (0.088)
通信电子	-0.033 (0.099)	0.001 (0.095)	-0.121 (0.100)	-0.066 (0.095)
通用设备	-0.041 (0.109)	0.000 (0.104)	0.036 (0.109)	0.052 (0.104)
恶性竞争	-0.082 (0.073)	-0.153** (0.072)	-0.141* (0.073)	-0.159** (0.071)
制度缺失	0.157** (0.068)	0.147** (0.067)	-0.094 (0.071)	-0.056 (0.069)
竞争强度	0.146* (0.072)	0.074 (0.072)	0.150* (0.072)	0.112 (0.070)

续表

	因变量：政策机会识别		因变量：技术升级	
	模型 1	模型 2	模型 3	模型 4
主效应				
悖论认知		0.347*** (0.066)		0.347*** (0.068)
F	2.107**	2.842***	1.981*	2.718***
R^2	0.204	0.285	0.162	0.258
调整后的 R^2	0.107	0.185	0.080	0.163

	因变量：企业环境责任						
	模型 5	模型 6	模型 7	模型 8	模型 9	模型 10	模型 11
控制变量							
企业年龄	−0.170** (0.079)	−0.151** (0.075)	−0.140** (0.072)	−0.125** (0.062)	−0.107* (0.062)	−0.117* (0.061)	−0.110* (0.062)
企业规模	−0.166** (0.080)	−0.170** (0.074)	−0.198*** (0.075)	−0.119+ (0.061)	−0.167*** (0.064)	−.163*** (0.063)	−0.172** (0.062)
企业类型	0.238** (0.073)	0.202** (0.069)	0.144* (0.067)	0.098+ (0.059)	0.085 (0.058)	0.090 (0.058)	0.108+ (0.057)
食品纺织	0.067 (0.081)	0.054 (0.077)	0.083 (0.074)	0.054 (0.064)	0.084 (0.064)	0.088 (0.064)	0.136* (0.063)
化工医药	−0.141 (0.093)	−0.114 (0.088)	−0.105 (0.084)	−0.086 (0.074)	−0.075 (0.073)	−0.085 (0.073)	−0.041 (0.071)
电气机械	−0.263** (0.091)	−0.197* (0.087)	−0.141+ (0.084)	−0.154* (0.072)	−0.141+ (0.072)	−0.161* (0.071)	−0.119+ (0.071)
通信电子	−0.243* (0.098)	−0.191* (0.094)	−0.194* (0.089)	−0.166* (0.078)	−0.164* (0.077)	−0.183* (0.077)	−0.139+ (0.075)
通用设备	−0.195+ (0.108)	−0.157 (0.102)	−0.149 (0.098)	−0.168+ (0.085)	−0.156+ (0.085)	−0.176+ (0.084)	−0.134 (0.082)
恶性竞争	0.105 (0.074)	0.094 (0.069)	0.137** (0.071)	0.126** (0.060)	0.124** (0.062)	0.128+ (0.061)	0.070 (0.059)
制度缺失	−0.146** (0.070)	−0.120* (0.067)	−0.124* (0.064)	−0.067 (0.055)	−0.083+ (0.055)	−0.082+ (0.055)	−0.050 (0.054)
竞争强度	0.140* (0.071)	0.080 (0.067)	−0.138** (0.068)	−0.086 (0.058)	−0.087 (0.060)	−0.069 (0.059)	0.054 (0.056)

· 129 ·

续表

	因变量：企业环境责任						
	模型 5	模型 6	模型 7	模型 8	模型 9	模型 10	模型 11
主效应							
悖论认知		0.319***	0.258***	0.146***	0.112*		
		(0.065)	(0.063)	(0.058)	(0.057)		
政策机会		0.333***			0.205***	0.217***	0.197***
		(0.065)			(0.057)	(0.056)	(0.056)
技术升级				0.553***	0.512***	0.549***	0.523***
				(0.057)	(0.058)	(0.055)	(0.056)
调节效应							
政策机会× 恶性竞争							0.108*
							(0.059)
政策机会× 制度缺失							−0.147**
							(0.053)
政策机会× 竞争强度							0.186***
							(0.056)
技术升级× 恶性竞争							−0.065
							(0.060)
技术升级× 制度缺失							0.099*
							(0.054)
技术升级× 竞争强度							−0.176***
							(0.061)
F	2.091**	3.055***	3.564***	7.097***	6.028***	6.776***	5.692***
R^2	0.194	0.281	0.373	0.510	0.539	0.530	0.590
调整后的 R^2	0.101	0.189	0.268	0.438	0.450	0.452	0.487

注：a. +表示 $p<0.1$，＊表示 $p<0.05$，＊＊表示 $p<0.01$，＊＊＊表示 $p<0.001$。

b. 括号内是标准误。

此外，本书采用 Sobel（1982）对中介效应检验的方法，Sobel 检验的计算公式为：

$$z = \frac{ab}{\sqrt{a^2 S_a^2 + b^2 S_b^2}} \tag{5-1}$$

其中，a、b 分别表示中介变量对自变量、因变量对中介变量的非标准化回归系数；S_a、S_b 分别表示回归系数的标准误。

将 $a=0.347$、$b=0.333$、$S_a=0.066$、$S_b=0.065$ 代入公式，得到 $z=3.67$（$p<0.001$），表明存在显著的中介效应（假设 6 得到支持）。

5.3.3 技术升级的中介作用

同样地，通过对表 5-4 中模型 3 和模型 4 的分析，企业悖论认知对技术升级的正向影响是显著的（$\beta=0.347$，$p<0.001$），且企业悖论认知可以解释 25.8% 的变异，表明企业悖论认知正向影响技术升级（假设 3 得到支持）。另外，在模型 8 中，技术升级和企业环境责任之间的关系是正向且显著的（$\beta=0.553$，$p<0.001$），而且额外的变异解释量为 51.0%，表明技术升级正向影响企业环境责任（假设 5 得到支持）。另外，模型 8 中企业悖论认知对环境责任的回归系数（$\beta=0.146$，$p<0.001$）小于模型 6 中的回归系数（$\beta=0.319$，$p<0.001$）。因此，可以认为技术升级在企业悖论认知和环境责任之间起部分中介作用。

进一步地，将 $a=0.347$、$b=0.553$、$S_a=0.068$、$S_b=0.057$ 代入 Sobel 检验公式，得 $z=4.87$（$p<0.001$），表明存在显著的中介效应（假设 7 得到支持）。

而且，在模型 9 中，将中介变量政策机会识别和技术升级、前因变量企业悖论认知同时引入回归方程时，企业悖论认知对环境责任的影响（$\beta=0.112$，$p<0.05$），与模型 6 中的影响相比（$\beta=0.319$，$p<0.001$），显著性水平明显下降，表明企业悖论认知通过政策机会识别和技术升级两条路径影响企业环境责任（假设 6、假设 7 得到支持）。

5.3.4 制度环境因素的调节作用

表 5-4 中的模型 10 和模型 11 用于检验恶性竞争、制度缺失和竞争强度三个变量对政策机会识别和企业环境责任之间关系的调节作用以及对技术升级和企业环境责任之间关系的调节作用。结果显示，模型 10 的 F 值为 6.776（$p<0.001$），模型 11 的 F 值为 5.692（$p<0.001$），说明两个回归方程都是有意义的。而且，模型 10 中调整后的 R^2 为 0.452，模型 11 中调整后的 R^2 为 0.487，表明两个模型中的自变量可以解释因变量 45.2% 和 48.7% 的变异。相比较而言，模型 11 比模型 10 更优，引入调节变量是有意义的。

假设 8-11 分析了恶性竞争和制度缺失在政策机会识别和技术升级影响企业

环境责任中的调节作用。模型 11 的结果显示：政策机会和恶性竞争的交互项正向影响企业环境责任（$\beta=0.108$，$p<0.05$），政策机会和制度缺失的交互项负向影响企业环境责任（$\beta=-0.147$，$p<0.01$），技术升级和恶性竞争的交互项对企业环境责任的影响不显著（$\beta=-0.065$，$p>0.1$），技术升级和制度缺失的交互项正向影响企业环境责任（$\beta=0.099$，$p<0.05$）。因此，在政策机会识别对企业环境责任的影响中，恶性竞争有正向调节作用（假设 8 得到支持），恶性竞争对技术升级和企业环境责任之间关系的调节作用不显著（假设 9 未得到支持），在政策机会识别对企业环境责任的影响中，制度缺失有负向调节作用（假设 10 得到支持），在技术升级对企业环境责任的影响中，制度缺失有正向调节作用（假设 11 得到支持）。

本书利用 MATLAB 绘制了相应的调节效应图，其中，图 5-1 和图 5-2 显示了恶性竞争的调节作用，图 5-3 和图 5-4 显示了制度缺失的调节作用。从图 5-1可以看出，当恶性竞争水平较低时，政策机会识别对企业环境责任几乎没有影响（回归系数趋于 0），而随着恶性竞争水平的提高，政策机会识别对企业环境责任的正向影响逐渐提高，证明了恶性竞争在二者关系中存在正向调节作用，支持了假设 8；从图 5-2 可以看出，当恶性竞争水平较低时，技术升级对企业环境责任的影响为正，随着恶性竞争水平的提升，技术升级对企业环境责任的影响几乎没有变化，得出了与回归数据一致的结论，即恶性竞争在技术升级和企业环境责任的关系中不存在显著的调节作用，假设 9 未通过检验。

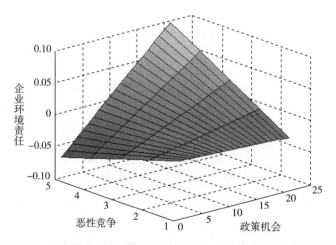

图 5-1　恶性竞争对政策机会识别影响企业环境责任的调节作用

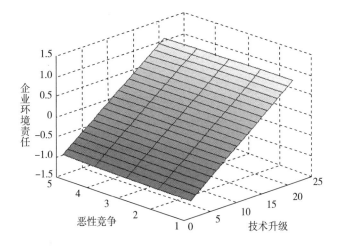

图 5-2　恶性竞争对技术升级影响企业环境责任的调节作用

从图 5-3 可以看出，当制度比较完备时（制度缺失水平低），政策机会识别对企业环境责任的正向影响显著，随着制度缺失状况加剧，政策机会识别对企业环境责任的回归斜率变为负值，说明制度缺失的调节作用为负，支持了假设 10；而图 5-4 显示，当制度比较完备时，技术升级对企业环境责任具有正向影响，随着制度缺失状况加剧，技术升级对企业环境责任的正向影响显著提升，证明了制度缺失在上述关系中的正向调节作用，支持了假设 11。

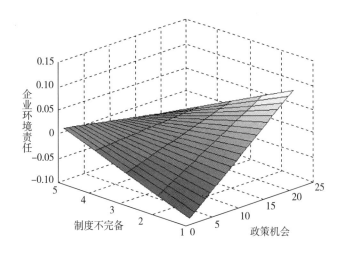

图 5-3　制度缺失对政策机会识别影响企业环境责任的调节作用

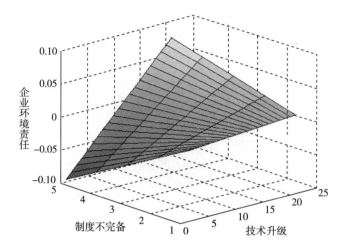

图 5-4 制度缺失对技术升级影响企业环境责任的调节作用

5.3.5 市场环境因素的调节作用

假设 12 和假设 13 分析了市场竞争强度在政策机会识别和技术升级影响企业环境责任中的调节作用。模型 11 的结果显示：政策机会和市场竞争强度的交互项正向影响企业环境责任（$\beta=0.186$，$p<0.001$），技术升级和市场竞争强度的交互项负向影响企业社会责任（$\beta=-0.176$，$p<0.001$）。因此说明：在政策机会识别对企业环境责任的影响中，竞争强度有正向调节作用（假设 12 得到支持），在技术升级对企业环境责任的影响中，竞争强度有负向调节作用（假设 13 得到支持）。利用 MATLAB 绘制的调节效应图如图 5-5、图 5-6 所示。

从图 5-5 可以看出，当市场竞争强度较小时，政策机会识别对企业环境责任的影响为负（回归斜率小于 0），而竞争强度较大时，政策机会识别对企业环境责任的影响为正（回归斜率大于 0），再次证实了竞争强度的正向调节作用，支持了假设 12；而根据图 5-6 发现，当竞争强度较小时，技术升级对企业环境责任的影响为正（回归斜率大于 0），而随着竞争强度增大，技术升级对企业环境责任的正向影响逐渐降低，从而表明竞争强度在上述关系中的负向调节作用，假设 13 通过检验。

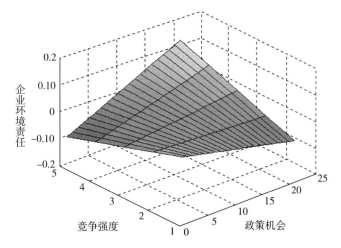

图 5-5　竞争强度对政策机会识别影响企业环境责任的调节作用

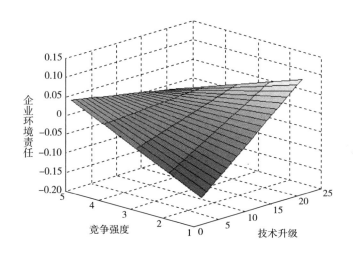

图 5-6　竞争强度对技术升级影响企业环境责任的调节作用

5.4　小结

本章详细阐述了实证分析结果，包括各变量的均值、标准差、相关系数等，问卷量表的信度和效度分析结果，以及理论假设的检验情况。数据通过了多重共线性检验、量表的信效度检验、共同方法偏差检验等，证明了研究结果是可信的。同时，本书提出的 13 个理论假设中有 12 个假设通过了数据检验，概念模型的检验结果如图 5-7 所示，说明本书概念模型是合理的。其中，以企业环境责任为因变量进行回归，加入的控制变量与企业悖论认知为自变量时，企业悖论认知的回归系数为 0.319，显著性水平为 0.001；而继续加入政策机会识别、技术升级后，企业悖论认知的回归系数为 0.112，显著性水平为 0.05（图中括号内系数）。

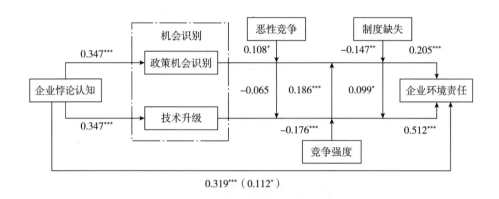

图 5-7　概念模型回归分析结果

注：＊表示 $p<0.05$，＊＊表示 $p<0.01$，＊＊＊表示 $p<0.001$。

研究结果表明，企业悖论认知有利于环境责任的提升，且在这一过程中，政策机会识别和技术升级起中介作用。在政策机会识别和技术升级影响企业环境责任的过程中，市场和制度环境因素起调节作用，但恶性竞争对技术升级和企业环境责任之间的关系调节作用不显著。实证数据分析对理论假设的检验结果如表5-5 所示。

表 5-5　理论假设验证结果

编号	假设内容	验证结果
假设 1	企业悖论认知正向影响环境责任	通过
假设 2	企业悖论认知正向影响政策机会识别	通过
假设 3	企业悖论认知正向影响技术升级	通过

编号	假设内容	验证结果
假设 4	政策机会识别正向影响企业环境责任	通过
假设 5	技术升级正向影响企业环境责任	通过
假设 6	政策机会识别是企业悖论认知影响环境责任的中介机制	通过
假设 7	技术升级是企业悖论认知影响环境责任的中介机制	通过
假设 8	恶性竞争正向调节政策机会识别和企业环境责任的关系	通过
假设 9	恶性竞争负向调节技术升级和企业环境责任的关系	未通过
假设 10	制度缺失负向调节政策机会识别和企业环境责任的关系	通过
假设 11	制度缺失正向调节技术升级和企业环境责任的关系	通过
假设 12	竞争强度正向调节政策机会识别和企业环境责任的关系	通过
假设 13	竞争强度负向调节技术升级和企业环境责任的关系	通过

6

结果讨论

　　针对我国企业为何践行环境责任这一问题，本书将企业悖论认知、政策机会识别、技术升级、恶性竞争、制度缺失、竞争强度以及企业环境责任整合到了一个研究框架下，分析了悖论认知对企业环境责任的影响，以及在此过程中政策机会识别和技术升级的中介作用；并深入分析了政策机会识别和技术升级对企业环境责任的影响过程，以及恶性竞争、制度缺失和市场竞争强度对上述关系的调节作用。通过对研究所需样本数据进行收集、提出假设并采用统计方法对理论模型进行检验，回归模型结果显示，本书提出的13个理论假设中有12个假设通过了数据检验，因此可以认为本书的概念模型基本上得到了支持。实证结果显示：第一，企业悖论认知促进环境责任的提升。第二，政策机会识别和技术升级在企业悖论认知影响环境责任的过程中起中介作用。第三，政策机会识别和技术升级是提高企业环境责任的有效途径。第四，在政策机会识别和企业环境责任的关系中，恶性竞争、制度缺失和市场竞争强度的调节作用是不同且显著的；在技术升级和企业环境责任的关系中，恶性竞争的调节作用不显著，制度缺失和市场竞争强度的调节作用不同且显著。本书首先结合上述研究结果对13个理论假设进行逐一讨论；其次分别针对企业环境责任、战略认知理论、企业悖论管理和机会识别等研究领域总结本书的理论价值；最后详细阐述本书在提高企业环境责任方面的实践指导意义。

6.1　假设结果讨论

6.1.1　企业悖论认知对企业环境责任的影响

在本书中，假设 1 对企业悖论认知和环境责任的关系进行了分析。实证结果显示：企业悖论认知有利于环境责任的提升（假设 1 得到支持）。在全球经济一体化的竞争环境中，我国企业受到了全球市场的关注，尤其是随着近年来我国经济的发展，自然资源和生态系统的破坏和环境污染引起了全社会的重视，对我国企业承担环境责任的要求逐渐提高。无论是外部环境还是内部组织的需求，我国企业走可持续发展道路是必然之选，但在实践中仍然面临着各种问题。本书认为，企业是否进行绿色实践和环境管理活动，主要取决于企业如何看待环境责任与财务绩效之间的关系。一方面，基于制度理论视角，认为环境责任和财务绩效是互不相容的关系。在法律法规、环境压力等的强制下，企业不得不进行绿色实践和环境管理活动，才能避免受到制裁和惩罚（Boudier 和 Bensebaa，2011；Muller 和 Kolk，2010；Wang 等，2018）。另一方面，基于利益相关者理论，认为环境责任有利于财务绩效的提升。在这个视角下，企业践行环境责任是一种战略手段，目的是建立良好的利益相关者关系，从中获取社会资本等特有资源（Babiak 和 Trendafilova，2011；Hamann 等，2017；Idemudia，2007）。无论是制度理论还是利益相关者理论，对于环境责任与财务绩效之间关系的解释都只能体现一个方面，并且立足点都是更有效地提高企业财务绩效。因此，本书借鉴组织悖论理论，认为环境责任和财务绩效的关系是共存依赖的互不相容且相互依赖的关系，与之前的研究相比，组织悖论的视角提供了更加全面的解释，提出企业要实现环境责任和财务绩效共同提升的必然性。

从本质上来看，当企业能基于悖论的视角看待环境责任和财务绩效的关系时，会影响企业在环境责任方面的表现。本书认为，悖论认知是企业关注和发现组织悖论张力、愿意理解和接受对立因素的共存倾向，本质是一种战略认知结构。从战略认知的视角来看，具有较高悖论认知水平的企业往往愿意主动寻求创造性的方式来应对内部张力。在绿色管理的实践中，悖论认知能够帮助企业理解和接受环境责任与财务绩效的对立共存的关系，追求其中任何一方都不能有效缓解二者之间的张力，因此企业会避免单方面追求财务绩效而放弃企业环境责任的战略行为。悖论认知为企业提供了敏锐的认知触觉，帮助企业认识到企业环境责任是无法避免的，是企业可持续发展的保障。而企业通过绿色实践并不但会给企业带来成本负担，还会对财务绩效具有积极方面的影响，如社会资本带来的特有资源、节约能源资源、提高品牌价值等。另外，悖论认知有利于企业形成创造性的思维能力，引导企业形成独特的悖论解决方式（如政策机会识别和技术升级）来整合企业环境责任和财务绩效两种对立的目标，实现二者的协同作用。因此，悖论认知帮助企业缓解了环境责任和财务绩效之间的紧张关系，从根本上驱动企业践行环境责任。

本书通过206个中国企业样本，对企业悖论认知的驱动作用进行了检验，并得到了数据支持。与以往组织悖论管理中涉及的关于企业社会责任和财务绩效之间的张力的研究相比（Hahn 等，2014；Jay，2013；Margolis 和 Walsh，2003；Smith 等，2013），本书进行了更深入的探索和检验，而得出的实证结果强调了企业悖论认知的积极作用，与 Miron-Spektor 和 Argote（2008）、Smith 和 Lewis（2011）、Smith（2014）、Hahn 等（2014）、Zhang 等（2015）、Zhang 和 Han（2017）等的研究结果一致并进行了扩展，不仅可以提高组织效益、个人团队创造力、战略灵活性，促进知识共享、有效决策等，还可以推动企业践行环境责任。

现有研究主要关注了企业悖论认知的积极作用，很少探讨企业悖论认知的负面影响，包括本研究的结论表明，悖论认知有助于企业形成创造性的思维，采用有效的途径实现环境责任和财务绩效的协同提升。Zhang 等（2015）认为，悖论认知可能要求企业同时考虑多个相互竞争的需求并寻求有效整合这些需求的方法，因此短期会承受更多的压力。由此可见，在企业绿色转型初期，悖论认知带来的压力会阻碍企业践行环境责任，随着企业对压力的接受和适应，悖论认知对企业环境责任的促进作用才显现出来。

6.1.2 政策机会识别和技术升级的中介作用

基于战略认知过程的视角，认知结构通过影响认知过程最终作用于战略行为。本书中，假设 2 至假设 7 分析了在悖论认知影响企业环境责任过程中，政策机会识别和技术升级作为认知过程发挥的中介作用。实证结果表明，政策机会识别和技术升级是悖论认知影响企业环境责任的中介机制。

具体来说，假设 2 和假设 3 分析了企业悖论认知对不同机会识别过程（政策机会识别和技术升级）的影响，为企业悖论认知研究引入了新的结果变量。本书中的机会识别是指企业通过从组织外部环境或自身的变化中获取信息并从中识别有利于企业发展和财务绩效提高的可能性因素。机会产生于变化（DeTienne 和 Chandler，2007；Grégoire 等，2010），机会识别就是对变化的认知过程（Baron，2006）。基于战略认知的视角，企业悖论认知作为一种战略认知结构，影响企业对政策、技术等方面的认知过程。企业所处政策环境和技术能力的变化能带来机会，企业在对上述变化的认知过程中进行机会识别。本书主要关注悖论认知对政策机会识别和技术升级两种机会识别过程的积极作用。企业悖论认知是企业对组织悖论张力的认知，认知水平越高，对悖论的感知越敏感（Smith 和 Lewis，2011），而且更倾向于以理解和接受的态度来面对张力（Smith 和 Lewis，2011；Schad 等，2016），并为企业提供更具创造性的思维能力（Zhang 等，2015）。当变化发生时，会促使潜伏的组织悖论显现出来（Smith 和 Levis，2011），具有悖论认知的企业表现出更加积极的应对方式，更容易从中识别和获取有利于企业发展的机会。现有研究关注了机会识别的影响因素，认为环境变化、先验知识、警觉性、系统搜寻等因素会影响机会识别（George 等，2016）。政策环境或市场消费者需求发生变化，破坏了企业的平衡发展，内外部冲突显现，悖论认知水平越高，越容易感受到企业的失衡，并发现变化带来的机会。本书的实证检验结果显示，企业悖论认知与政策机会识别和技术升级存在显著的正相关关系（假设 2 和假设 3 得到验证），这一研究结果与 Baron（2006）的观点一致，认为机会识别受到认知结构的影响，并进一步阐述了企业悖论认知对政策机会识别和技术升级两种机会识别过程的影响。

同时，机会识别作为企业竞争优势和卓越表现的关键因素（Gielnik 等，2012），在被企业合理利用的前提下，可以为企业创造优异的财务绩效（Schumpeter，1934；Kirzner，1979）。假设 4 和假设 5 分析了政策机会识别和技术升级对企业环境责任的影响，认为不同机会识别过程对企业环境责任的影响机制存在差异。首先，政策机会识别有助于企业提高环境责任。从实践来看，我国一方面对企业环境破坏行为加大了惩罚力度，另一方面通过制定引导性激励政策，鼓励企业进行绿色创业。政策机会识别提高了企业对环保政策的感知，加强了企业开发绿色市场的意愿和行为。而且在政策导向下，企业识别到的政策机会为企业带来优势资源，有利于降低企业环境战略的投入成本和财务风险。企业通过政策机会识别可以有效应对政策环境变化给企业发展带来的冲击，使逐渐显现的企业环境责任和财务绩效之间的紧张关系得到缓和，利用政策机会实现二者的协同发展。由此可见，政策机会识别是在企业应对政策环境变化时的有效措施，整合企业环境责任和财务绩效的双重目标，从而提高了企业践行环境责任的意愿和行为。其次，技术升级有利于促进企业进行绿色实践和践行环境责任。技术升级促进了企业的学习能力和创新能力，提高了企业对环保技术的认知，并愿意寻求技术手段来解决企业面临的环境责任和财务绩效的两难选择问题。企业面临市场消费者的需求变化和升级，亟须通过技术手段进行生产优化。通过自主研发或外部合作获得了环保技术，为企业践行环境责任清除了技术方面的障碍，更容易满足绿色生产的需求。环保技术的创新过程让企业不断发现和证实技术升级的重要作用，特别地，企业通过技术升级能够引导企业进入"绿色环保—高效率"的良性循环，在履行企业环境责任的同时，提高了资源能源利用率，实现生产成本压缩和财务绩效的提升，促进环境和经济协同发展。由此可见，技术升级缓解了企业环境责任和财务绩效之间的战略紧张关系，从而推动企业践行环境责任。现有研究关注机会识别能为企业带来组织创造力和创新（Wang 等，2013），促进企业成长和绩效提升（Guo 等，2017；Sambasivan 等，2009），在此基础上，本书的实证检验结果显示，政策机会识别和技术升级与企业环境责任呈显著的正相关关系（假设 4 和假设 5 得到验证），强调了我国企业面临的商业环境中机会识别对企业环境责任和可持续发展的重要性，拓展了 Sambasivan 等（2009）、Gielnik 等（2012）、Wang 等（2013）、Guo 等（2017）关于机会识别的影响结果研究。

从战略认知过程的视角，本书认为企业悖论认知作为一种认知结构，会影响企业的认知过程，包括对政策环境和技术能力的认知，帮助企业在政策和技术的变化中识别到有利因素，利用政策机会识别和技术升级两种悖论解决方式有效应对企业面临的环境责任和财务绩效之间的紧张关系。在这一过程中，企业释放焦虑情绪，能够积极接受环境责任和财务绩效之间互不相容且共存依赖的关系，特别是在政策环境或市场消费者需求发生变化时，更愿意主动地进行绿色实践和环境管理，践行企业环境责任，而不是为了单方面追求财务绩效而逃避环境责任。基于上述讨论，假设 6 和假设 7 详细分析了在悖论认知影响企业环境责任过程中，政策机会识别和技术升级是如何发挥中介作用的。实证结果主要体现了以下四点：第一，企业悖论认知和企业环境责任呈正相关关系；第二，企业悖论认知和政策机会识别、技术升级呈正相关关系；第三，政策机会识别和企业环境责任呈正相关关系，技术升级和企业环境责任呈正相关关系；第四，将政策机会识别和技术升级引入悖论认知影响企业环境责任的模型中时，企业悖论认知对企业环境责任的正向关系变弱（假设 6 和假设 7 得到验证）。

6.1.3 制度环境和市场环境的调节作用

本书基于制度基础观和企业环境责任的研究框架，分析恶性竞争、制度缺失作为制度特征和竞争强度作为市场特征的情境因素对不同机会识别过程和企业环境责任关系产生的调节作用。

本书认为，在转型经济国家，制度环境在不断变化（Aguinis 和 Glavas，2012；Peng 等，2009），政策机会识别和技术升级作为促进企业环境责任的不同方式，其作用效果会随着不同的制度环境而发生变化（张红和葛宝山，2014）。假设 8 和假设 9 分析了恶性竞争在政策机会识别和技术升级影响企业环境责任中的调节作用。实证研究表明，恶性竞争正向调节政策机会识别对企业环境责任的影响（假设 8 得到验证），但是对技术升级和企业环境责任之间关系的调节作用不显著，假设 9 没有得到数据支持。制度理论认为，制度执行效率会影响企业对不同机会的利用效果，最终影响企业战略意向和行为（Cai 等，2017；Zhou 和 Poppo，2010）。恶性竞争是指企业所处竞争环境经常出现不公平竞争和机会主义行为等，体现了市场制度的效率低下，处于这种环境中的企业面临的生存压力增大，从而导致企业环境责任和财务绩效之间的张力加剧。在这种环境中，制度的有效性较差，企业对政策变化的感知程度较弱，政策机会识别使企业提高对政策环境变化的敏感度，更容易帮助企业从潜在的政策机会中获得有效的竞争优势，提高企业生存机会，促进践行企业环境责任。这一结论强调了恶性竞争作为制度环境因素在企业战略行为方面的重要作用，与 Liu 和 Atuahena-Gima（2018）、Sheng 等（2013）、Wei 等（2017）的观点达成一致，适当的战略行为在恶性环境中能够发挥更好的优势。

值得注意的是，本书的假设 9，恶性竞争负向调节技术升级对企业环境责任的影响并没有得到实证数据的支持。本书认为导致该结果不显著的原因如下：首先，恶性竞争环境中不法企业的非法盗用或版权侵犯等行为可能会影响企业对技术机会的利用效果。企业将大量的技术改进和性能改进结合起来，使它们有可能突破行业规范，并可能重新定义行业的技术立场（Lee 和 Tang，2018），帮助企业挣脱竞争对手对技术机会的束缚作用，从而导致在不同水平的恶性竞争环境下，技术升级对企业环境责任的影响不存在显著差异。其次，对技术创新关注度较高的企业可能会不断开发新的、难度更大的替代技术和工艺，因为竞争对手缺乏关键的专有知识，对焦点企业的技术进行模仿和盗用的难度更高，能够有效应对恶性竞争环境中普遍存在的非法盗用问题，因此恶性竞争的调节作用不显著。最后，在转型经济环境中，我国企业经常面临不公平竞争和机会主义行为，为了降低技术升级和技术应用的风险，它们经常选择和联盟伙伴合作研发，通过快速的新产品开发和不断的产品更新换代来击败模仿企业，缓解恶性竞争带来的不利影响。特别地，随着大力推行企业进行"自主创新"，我国企业越来越看重技术升级在企业长期发展中的重要作用，主动投入环保能源利用、绿色生产工艺等技术的升级。尽管面临着版权侵犯等问题，企业很难通过技术升级来实现市场占有率或销量的提升，但环保技术引导企业进行高效生产和绿色生产的结果并没有受到显著影响。基于上述原因，无论是否处于恶性竞争的环境下，企业都可以有效利用技术升级来实现环境责任和财务绩效的协同提升，假设 9 未能通过检验。

假设 10 和假设 11 分析了制度缺失在政策机会识别和技术升级影响企业环境责任中的调节作用。本书的实证结果显示，制度缺失负向调节政策机会识别对企业环境责任的影响，且正向调节技术升级对企业环境责任的影响（假设 10 和假设 11 得到验证）。基于制度理论，制度缺失程度会影响企业对不同机会识别过程的作用效果，最终产生不同结果（Sheng 等，2013；Shu 等，2016）。制度缺失意味着政府政策在企业经营、行业标准、实施过程等方面的制度不完整、不明确甚至空白，企业处于制度缺失的环境中，获取的政策机会比较模棱两可，缺乏详细的政策指导，企业利用政策机会识别的有效性降低，因此缓解环境责任和财务绩效的紧张关系的作用被大大削弱，从而降低了政策机会识别对企业环境责任的促进作用。同时，制度缺失为企业利用技术机会提供了更为宽松自由的环境，利于企业形成更具创造性的环境友好型产品和服务机会，吸引更多的绿色消费群体，更容易打造绿色产品品牌，并将品牌价值转化为经济效益，有效促进企业环境责任和财务绩效的共同提升。本书的这一研究结论，强调了制度缺失作为制度环境因素在企业战略行为方面的情境作用，验证了 Chakrabarty（2009）、Mair 等

（2012）、Sheng 等（2013）的观点，认为在制度缺失的环境下，有些战略行为无法充分发挥作用，而恰当的战略行为能够发挥更好的优势。本书将制度无效性和缺失性两个维度引入影响企业环境责任的研究框架中，发现恶性竞争和制度缺失会调节不同机会识别过程对企业环境责任的影响作用。拓展了 Sheng 等（2013）、Wei 等（2017）、Zhou 和 Poppo（2010）等对制度环境因素情境作用的研究。

同时，市场竞争强度作为经济转型过程中的一个重要特征（Peng，2003），会影响组织的决策意义和决策方式（Adomako 等，2017；Feng 等，2016）。假设 12 和假设 13 分析了竞争强度作为市场环境在政策机会识别和技术升级对企业环境责任影响中的调节作用。实证分析显示，竞争强度正向调节政策机会识别对企业环境责任的影响，且负向调节技术升级对企业环境责任的影响（假设 12 和假设 13 得到验证）。有些研究认为竞争强度是一种严重的威胁（Cadogan 等，2003；Zahra 和 Covin，1995），会引发资源匮乏的问题更加严重，企业进行绿色实践活动的风险增大，履行环境责任的意愿减弱。由于市场竞争加强带来的资源匮乏问题，企业可以通过有效利用政策机会获取其他互补性资源，如金融资源、社会资本等资源，恰恰弥补了上述资源不足的问题，缓和了环境责任和财务绩效的紧张关系，降低了绿色实践的风险，推动了企业践行环境责任。而且，竞争强度是决定资源配置效率的重要因素（魏泽龙等，2017），当竞争强度提高时，企业更加关注能够对竞争者行为快速反应并得到短期回报的竞争优势，因此更愿意选择政策机会作为实施绿色战略的手段。相反地，对于提高短期效率和缓解情绪焦虑，技术升级的效果并不显著。企业需要通过技术试验、开发、应用和推广等一系列行为才能将技术机会转化为实现企业环境责任和财务绩效共同提升的途径，因此难以有效地应对激烈的竞争环境。这一研究结论证实了 Adomako 等（2017）、Feng 等（2016）的观点，认为市场竞争强度会影响企业战略行为的结果。

6.2 理论贡献

对比现有文献，本书的理论贡献主要体现在对企业环境责任、战略认知理论、企业悖论管理及机会识别等相关研究。

6.2.1 对企业环境责任研究的贡献

本书对企业环境责任的理论贡献主要包括以下三个方面：

第一，将悖论视角引入企业环境责任的影响研究，有助于更全面地理解企业环境责任与财务绩效之间的关系。现有研究主要基于制度理论和利益相关者理论对企业环境责任的驱动因素进行探讨。一方面，制度理论认为，外部制度压力是企业践行环境责任的主要驱动力。Christmann 和 Taylor（2006）通过对我国企业 ISO 认证的行为进行分析发现，个别企业会根据客户偏好、客户监控和制裁的程度选择是否进行 ISO 认证。Muller 和 Kolk（2010）探讨了外贸压力对企业社会绩效的促进作用。上述研究说明，在外部制度压力存在前，企业并不会主动践行环境责任，因为企业的环境管理行为需要投入成本，会对经济利润造成损害。因此，该视角认为企业环境责任和财务绩效是相互矛盾的关系。另一方面，利益相关者理论认为，企业将环境责任作为一种战略工具，通过满足利益相关者对企业环保行为的期望来获得企业所需资源。Babiak 和 Trendafilova（2011）发现，战略动机和合法性动机是企业进行环境管理活动的主要原因。同样地，Lee 等（2018）通过对韩国物流公司的调查指出，企业履行环境责任的重要影响因素包括社会期望、组织支持和利益相关者压力。上述研究说明践行环境责任有助于企业建立利益相关者关系与合法性，促进财务绩效的提升。该视角则认为企业环境责任和财务绩效是相互依赖的关系。本书整合了上述理论的观点，基于悖论理论解释了企业环境责任和财务绩效之间共存依赖且相互矛盾的关系，为理解企业环境责任的动机提供了更全面的视角。进一步地，本书提出企业能否主动践行环境责任主要取决于企业对二者关系的悖论认知，强调企业环境责任和财务绩效的共存对立关系，企业不应单纯地以经济效益为立足点，履行环境责任是不可避免的。这一结论与 Vilanova 等（2009）的观点一致，认为企业环境责任是实践中对环境责任和企业经营之间的矛盾所产生的内在悖论进行管理时所形成的。现有研究通过案例分析揭示了悖论认知对绿色绩效、社会绩效及可持续发展的影响（Hahn 等，2014；Smith 等，2013），但针对悖论认知和企业环境责任的关系缺乏实证数据的支持。本书不仅阐述了悖论认知对企业环境责任的影响过程，而且采用实证数据进行了验证，弥补了以往研究的不足。

第二，从战略认知的视角探讨了企业悖论认知对环境责任的影响机制，响应了 Frynas 和 Yamahaki（2016）、Yang 等（2018）对战略认知驱动因素影响企业环境责任研究的呼吁。战略认知理论认为，由于决策主题的有限理性，组织战略决策和结果会受到认知结构的影响。以往研究只是从理论的角度分析了环境责任和财务绩效的关系，未能从认知的视角探讨企业对二者关系的悖论认知如何影响环境责任。本书认为，悖论认知有助于企业全面认识二者的关系，识别到兼顾环境责任和财务绩效的机会，构建和形成环境战略意义，最终提高企业环境责任。本书强调了上述影响过程中机会识别的中介作用，能够更好地解释企业悖论认知对企业环境责任的内部作用机理。根据 Narayanan 和 Kemmerer（2011）的战略认知整体框架，企业悖论认知作为一种组织认知结构，需要通过战略形成和实施的认知过程，最终作用于企业环境责任。本书详细分析了企业基于自身的悖论认知系统对外部政策环境和自身技术能力进行认知的过程，从中形成政策机会识别和技术升级的有效途径来实现企业环境责任和财务绩效的共同提升。这一研究路径将组织管理认知框架引入企业环境责任影响研究中，并打开了"企业悖论认知—企业环境责任"关系的"黑匣子"，拓展了战略认知整体框架的应用范围。

此外，关注了政策机会识别和技术升级对企业环境责任的直接影响，拓展了企业环境责任的影响因素研究。正如上文所述，企业环境责任的影响因素包括制度层面、组织层面和个体层面（Aguinis 和 Glavas，2012），对如何实现环境责任和财务绩效共同提升的战略手段的探讨极其有限。在中国转型经济背景下，外部环境中的绿色政策导向及企业内部的环保技术能力是与企业环境战略行为息息相关的重要因素（Groves 等，2011；Kolk，2016；Lin 和 Ho，2011），因此本书分析了政策机会识别和技术升级两种战略方式在促进企业环境责任的作用，启发该领域研究学者未来对机会识别等战略行为作为前因变量影响企业环境责任的关注。

第三，将恶性竞争、制度缺失作为制度环境因素和竞争强度作为市场环境因素引入企业环境责任研究框架中，分析它们在政策机会识别和技术升级对企业环境责任影响中的调节作用，弥补了以往影响企业环境责任研究中对跨边界情境变量的忽视。处于转型经济时期的中国，制度有待完善、执行效率有待提高、市场环境复杂、各区域制度环境发展不平衡等特征，在很大程度上影响着企业践行环境责任的程度（Aguinis 和 Glavas，2012）。以往关于企业环境责任的调节因素研究中，大多数关注企业环境责任与结果变量之间关系的边界效应（Helmig 等，2016；Hou 等，2016），对前置因素和企业环境责任关系的权变因素研究（制度因素、市场因素等）缺乏重视。Chin 等（2013）、Jia 和 Zhang（2013）对 CEO 的政治背景对企业社会责任的影响进行了探讨，发现 CEO 影响力对上述关系发挥着显著的调节作用。然而对于制度层面的影响更多集中在法规和标准、利益相关者压力等因素对企业环境责任的直接作用，而较少关注制度和市场层面的因素对不同战略手段影响企业环境责任中的边界作用。因此，本书将恶性竞争、制度缺失和竞争强度作为情境因素引入政策机会识别和技术升级影响企业环境责任的关系研究中，来分析制度和市场因素的调节作用。这一研究不仅有助于探明政策机会识别和技术升级对企业环境责任的影响作用，更有利于系统、全面地认识制度和市场环境对不同机会开发和利用的过程，从而使企业履行环境责任的结果产生差异。因此，本书填补了影响企业环境责任研究中的情境因素的空缺，完善了企业环境责任研究框架。

6.2.2　对战略认知理论的贡献

本书对战略认知理论的贡献主要包括以下两个方面：

首先，基于战略认知理论，关注认知结构和过程在企业履行环境责任中发挥的重要作用，验证了战略认知理论对企业环境责任研究的价值。企业环境责任研究越来越关注战略认知视角对企业践行环境责任内在动力的解释，认为企业决策主体是有限理性的，战略认知发挥着信息过滤器的作用，影响着企业对相关信息的接收和理解、对组织发展的定位以及对企业环境战略的制定和实施（Weick，1995）。尽管战略认知理论为企业环境责任研究提供了新的视角，但对于企业环境责任是组织机会还是组织威胁的冲突认知对企业积极践行环境责任的影响尚不明确。Smith 和 Tushman（2005）、Smith 和 Lewis（2011）将这种认知模式界定为悖论认知，组织基于该认知模式能够认识并接受既相互冲突又相互依赖的矛盾力量的存在。悖论认知为组织认知过程创造了一个基础，帮助组织接纳以不同逻辑运作的经济和环境之间的矛盾，促进组织利用包容和整合的方式进行有效的悖论冲突管理（Hahn 等，2014；Smith 等，2013）。本书从战略认知的视角探索了悖论认知对企业环境责任的影响，强调了决策主体的有限理性及其对组织战略行为的重要影响，拓宽了战略认知理论的研究领域，为企业环境责任研究提供了新的研究视角。

其次，基于战略认知过程框架建立企业环境责任与前置因素的关系模型，揭示了悖论认知对企业环境责任的作用机理，深入探讨了悖论认知作为一种认知结构如何影响企业对组织和环境的认知过程，继而作用于企业环境行为。Hahn 等（2014）阐述了不同认知框架对组织决策者信息扫描、解释和回应三个核心过程的影响，从而带来不同的战略行为结果。本书发现，悖论认知一方面引导企业对所处政策环境中相关政策信息的扫描和理解，提高企业政策机会识别；另一方面促进企业对技术能力的认知，发掘技术升级的潜在效益。政策机会发现和技术升级是组织对能够兼顾财务绩效和环境责任的机会识别过程，有效缓解经济和环境之间的悖论冲突，最终促进企业践行环境责任的倾向和行为。基于战略认知过程框架，政策机会识别和技术升级是企业基于悖论认知框架对组织和环境的认知过程，通过对内外部信息的选择性接收与理解构建战略意义和价值，形成战略决策。因此，本书基于战略认知过程框架，分析了悖论认知影响企业环境责任的过程机制，将悖论认知、机会识别和企业环境责任研究进行了整合，扩展了战略认知过程框架的应用范围。

6.2.3　对企业悖论管理研究的贡献

本书对企业悖论管理的理论贡献主要体现在以下两个方面：

第一，从悖论的视角来理解企业环境责任和财务绩效的关系，并深入探讨企业对二者关系的悖论认知对企业环境责任的影响过程，拓展了悖论理论在企业环境责任研究的应用。在组织悖论的研究中，企业经济发展和社会责任之间的紧张关系受到了大量学者的关注（Hahn 等，2014；Jay，2013；Smith 等，2013），这些研究认为企业对可持续性的经济、环境和社会方面之间关系的理解决定了它们采取何种应对措施来解决企业可持续发展问题，主要体现在社会和环境问题与企业运营之间的冲突，而悖论认知帮助企业管理者更好地理解和处理环境责任和商业本质之间的紧张关系。Smith 和 Tushman（2005）认为，悖论性认知是企业愿意接受和包容相互冲突且相互依赖的对立力量的认知倾向，该研究开发了一个利用悖论认知来管理战略悖论的模型，并提出高层管理团队的悖论认知有利于帮助其进行有效的探索和应用。Jay（2013）基于剑桥公私合营能源联盟的实地调研数据，构建了悖论的管理过程模型，该模型强调了外部视角有利于提高混合型组织的悖论认知，促进组织逻辑发生变化或产生新的组合，从而影响混合型组织的创新能力。Smith 和 Lewis（2011）强调了悖论认知在悖论管理前期的重要作用，因为具有悖论认知的主体更容易识别组织中的悖论张力，从而促进主体主动进行悖论管理。尽管如此，以往研究并没有深入讨论和验证悖论认知对企业环境责任的影响。本书分析了悖论认知在促进企业环境责任方面的作用，认为企业悖论认知作为一种战略认知结构，能够帮助企业理解和接受企业环境责任和财务绩效之间的矛盾关系，并引导企业建立有效的应对措施来缓解二者之间的悖论张力，有利于提高企业践行环境责任的意愿和行为。与 Hahn 等（2014）、Jay（2013）、Smith 等（2013）相比，本书将悖论的视角引入企业环境责任领域的研究，拓展了悖论理论在组织管理中的应用范畴，丰富了企业悖论认知的影响结果研究。本书基于我国企业的实地调研数据对悖论认知和企业环境责任的关系进行了验证，推进了转型经济背景下企业悖论认知对认知结果影响研究的进展。

　　第二，理论模型构建了悖论认知和机会识别的关系。尽管大量研究认为悖论是涉及行为主体的认知（Bloodgood，2010；Briscoe，2016；Lúscher 和 Lewis，2008；Putnam 等，2016），但将悖论认知作为一种战略认知结构来分析其产生的影响结果的文献仍然有限。现有研究认为，具有悖论认知的企业家能够更加有效地管理组织悖论，避免悖论张力带来的不利影响，对个体和组织绩效具有重要作用（Lewis，2000；Lewis 等，2014；Zhang 等，2017）。然而，以往研究更多关注企业悖论认知对创新结果（团队创新、探索和应用、创新能力等）及悖论管理能力（战略灵活性等）的影响，对其他认知结果的探讨相对不足。基于 Narayanan 和 Kemmerer（2011）的战略认知过程框架，战略认知结构不仅会直接影响战略行为或绩效结果，而且会通过战略制定和实施、组织学习等认知过程间接影响最终结果。回顾现有研究，机会识别被认为是通过认知结构来感知外部世界中看似无关的事件或趋势之间的联系，包括技术、政府政策、市场等因素的变化，形成这些事件或趋势的模式，形成新产品或新商业模式等机会的过程（Baron，2006）。本书认为机会识别本质上是组织战略形成的意义建构过程，从外部政策环境和技术能力的变化中发现绿色转型或绿色创业的机会受到了企业悖论认知结构的影响。因此，本书将政策机会识别和技术升级作为战略形成的过程引入企业悖论认知的框架中，来分析企业悖论认知对上述因素的影响过程，进一步完善了企业悖论认知的研究框架。

6.2.4 对机会识别研究的贡献

本书对机会识别研究的理论贡献主要体现在以下三个方面：

第一，基于战略认知理论，将企业悖论认知作为政策机会识别和技术升级的前因变量进行了充分的探讨，将悖论的视角引入机会识别的过程中，拓展了机会识别的影响因素研究。以往对于机会识别的研究从理论上阐述了认知结构的重要影响作用，认为企业家对创造力的认知模式（Ward，2004）、通过环境、先验知识、警觉性和系统搜寻形成的认知框架（Baron，2006）、发散思维的认知特征（Gielnik 等，2012）等因素会影响企业发现或创造开发新产品的机会。然而这类研究缺乏实证数据的检验，特别是关于悖论认知框架和机会识别之间的联系较少涉及，忽视了悖论性的认知思维在机会识别过程中的重要作用。中国企业的思维方式倾向于接受矛盾因素的共存，利于发现目标事物与变化的关系，进而解释和预测事件，因此直接关系着机会识别过程的进行（Baron，2006）。机会产生于变化，包括客观环境的变化和社会建构的变化（DeTienne 和 Chandler，2007；Grégoire 等，2010）。在我国的商业环境中，政府政策具有较强的导向作用，政策环境的变化为企业带来政策机会，而技术升级关系学习和创造力引导企业建构技术机会。因此，本书根据机会的来源，将机会识别分为政策机会识别和技术升级，将企业悖论认知作为机会识别的前置因素引入研究框架中，为机会识别的影响研究提供了新的理论视角和研究思路。

第二，将企业悖论认知、政策机会识别、技术升级和企业环境责任进行整合，探讨了政策机会识别和技术升级在企业悖论认知影响环境责任过程中的中介作用，揭示了机会识别在战略认知过程框架中所处的地位，丰富了战略认知理论在机会识别研究的应用。基于战略认知过程框架的内容（Narayanan 和 Kemmerer，2011），本书将政策机会识别和技术升级归纳为战略形成过程，政策机会识别是根据外部政策环境的变化构建战略意义，技术升级是根据内部技术能力的提升构建战略意义，二者受认知结构的影响，并对战略结果产生作用，作为中介机制将企业悖论认知和环境责任联系起来。由此可见，本书将战略认知过程框架引入机会识别研究，有利于理解和分析政策机会识别和技术升级的中介作用，为二者与企业悖论认知、环境责任的相互关系研究提供了新的理论视角。本书还充分探讨了政策机会识别和技术升级对企业环境责任的影响作用，认为二者作为不同的战略形成过程对企业环境责任这一战略结果的内在影响机理存在差异，前者更多地关注外部政策环境的变化，后者更多地关注内部能力的提升。不同于以往文献关注的机会识别对新产品开发（Choi 和 Shepherd，2004）、技术创新（Gruber 等，2008；Wang 等，2013）、企业绩效（Gielnik 等，2012；Sambasivan 等，2009）等的影响，本书将企业环境责任作为机会识别的产出引入研究框架，回应了 George 等（2016）对探索机会识别新的结果变量的呼吁，有利于进一步认识政策机会识别和技术升级的不同价值体现。

第三，将制度环境和市场环境因素引入政策机会识别和技术升级影响企业环境责任的研究框架中，分析了恶性竞争、制度缺失和竞争强度对上述关系的调节影响，弥补了现有研究中对于环境因素作为情境变量考虑的不足。尽管机会识别研究试图解释应用机会也很重要，但是仍未引起创业学者足够的重视（Shane 和 Venkataraman，2000），因此未来研究需要强调和量化环境条件对机会识别过程的影响，解释什么环境下机会识别与机会开发关系更密切（Alvarez 和 Barney，2007）。特别是在转型经济时期，我国企业面临复杂的制度和市场环境，在实施绿色战略时不得不考虑环境因素的影响（Aguinis 和 Glavas，2012）。为了回应上述研究的呼吁，本书强调了恶性竞争、制度缺失和竞争强度在政策机会识别和技术升级影响企业环境责任中的情境作用，认为不同的制度和市场环境为企业践行环境责任带来的机会和风险存在差异，会对政策机会和技术机会的开发和利用效果产生影响，促进或阻碍企业从政策机会识别和技术升级中获得绿色战略价值，影响二者和企业环境责任的关系。因此，本书考虑制度和市场环境在机会识别产出研究的调节作用，丰富了机会识别的情境因素研究。

6.3　实践意义

基于上述研究结论，本书具有重要的实践意义，能为企业和政府提供企业环境责任方面的管理启示。随着全球气候变暖、雾霾现象频发，环境问题引起全社会的关注，而企业承担着不可推卸的环境责任（Allen 和 Malin，2008）。同时，我国经济的发展带动了绿色消费市场的增长，越来越多的企业开始重视可持续发展问题（Gliedt 和 Parker，2007；Sumathi 等，2014）。现如今，企业仅关注自身的生存发展是不够的，还需考虑社会问题和环境问题，因此有必要将企业环境责任纳入企业发展战略。由于历史遗留问题，我国企业的可持续发展任重道远，绿色观念转变迟滞、环境管理资源短缺、技术能力水平低下等导致企业践行环境责任的效果不甚理想。有管理者认为，企业进行绿色实践和环境管理活动需要投入成本，会对企业经济利益造成损害，因此，若没有政治制度、文化环境、商业体系等外部压力的强制作用，企业不愿主动践行环境责任。还有管理者将企业环境责任作为一种获取社会资本等稀缺资源的战略工具，企业带有其他目的进行绿色实践活动。因此，企业环境责任行为的发生与企业对环境责任和财务绩效之间关系的认知紧密相关。为了实现企业可持续发展，管理者必须建立全面的战略认知结构，帮助企业面对和处理环境责任和财务绩效的复杂关系，采取适当的战略手段提高企业践行环境责任的意愿和行为。因此，本书系统地分析了企业悖论认知通过政策机会识别和技术升级影响环境责任的过程，以及在不同的制度和市场环境下，政策机会识别和技术升级对企业环境责任的影响如何变化，对我国企业在追求经济效益的同时提高环境责任具有重要的指导意义。

首先，企业管理者应该认识到企业悖论认知对环境责任的影响。企业利用悖论的视角看待战略管理中的矛盾张力，逐渐形成愿意理解和接受对立因素共存的战略认知结构，即悖论认知。本书发现企业面临悖论张力时，如企业环境责任和财务绩效之间的张力，该认知结构能避免企业采取极端选择而造成的悖论张力加剧，帮助企业认识到企业环境责任对财务绩效的潜在积极效应，引导企业创造更多的可能来实现二者的协同提升（Smith 和 Tushman，2005）。由此可见，企业悖论认知作为战略认知结构，决定了企业对环境责任和财务绩效之间关系的理解，从根本上影响着企业环境责任的履行程度。因此，对于想要提高企业环境责任的管理者来说，他们需要更多地关注企业悖论认知的水平。当企业悖论认知水平较低时，企业往往将环境责任视为一种成本，与财务绩效互不相容，这将导致企业不愿意践行环境责任。为了提高企业环境责任，如果管理者认识到环境责任和财务绩效之间潜在的互补关系，企业悖论认知水平得以提高，更容易解释企业如何以及为什么能够从环境责任中获得收益，企业才会积极践行环境责任。因此，管理者需要培养企业悖论认知，促进潜在利益的识别，实现环境责任和财务绩效的整合。

其次，政策机会识别和技术升级是企业提高环境责任的有效途径。管理者需要关注内外部机会识别在企业提高环境责任方面的重要作用。大量研究显示，管理者可以利用机会创造财务绩效（Schumpeter，1934；Kirzner，1979），促进创新（Guo 等，2017；Wang 等，2013），帮助企业成长（Gielnik 等，2012）。本书建立了机会识别与企业环境责任的关系，根据机会来源将机会识别区分为外部政策机会发现和内部技术机会创造，提出企业可以利用政策机会和技术升级来缓解环境责任和财务绩效之间的紧张关系，实现二者的协同，提升企业环境责任。在转型经济背景下，政策环境发挥着重要的引导作用，政策机会识别有利于企业从政策环境的变化中识别到潜在的利益，如政府对企业绿色行为提供资金支持、绿色信贷、税收优惠等为企业环境管理提供资源，帮助实现环境责任和财务绩效的协同。因此，管理者应该善于利用和发挥政策机会识别的价值，促进企业践行环境责任。与此同时，我国企业面临着创新能力不足的问题，尤其是缺乏核心技术的中小企业很难维持经济目标和环境目标的平衡，容易陷入"不环保—效益低"的恶性循环。在这种情况下，企业通过外部合作或自主研发提高绿色技术水平，帮助企业清除环境战略实施过程中的技术障碍。同时，绿色技术升级提高资源利用率和生产效率，节约能耗和资源，为企业降低了生产成本，帮助企业实现环境和经济的"双赢"。因此，管理者应该重视技术升级的重要作用，充分利用和发挥技术机会的潜在价值。综上所述，企业管理者应该从外部政策变化和内部能力建设两个方面进行机会识别，提高企业环境责任和财务绩效之间的潜在积极效应，构建企业环境战略意义，提高企业环境责任。

再次，企业管理者要关注企业所处制度和市场环境对环境责任的影响，并以此为企业选择更加有效的战略手段，包括政策机会识别和技术升级。本书的研究结果表明，在恶性竞争环境下，政策机会识别对企业环境责任的正向作用提升；在制度缺失环境下，政策机会识别对企业环境责任的正向作用减弱，技术升级对企业环境责任的正向作用提升；在激烈的竞争环境中，政策机会识别对企业环境责任的正向作用加强，技术升级对企业环境责任减弱。这一结论强调了恶性竞争、制度缺失和竞争强度的情境作用，促使企业管理者在选择和利用机会识别提高企业环境责任的过程中，重视制度和市场环境的调节影响。为了促进企业践行环境责任，企业管理者应该考虑企业处于何种制度和市场环境时，利用政策机会或技术机会的效果更明显。在制度效率低下的恶性竞争环境下，企业管理者可以侧重选择政策机会来应对各种形式的不良竞争和机会主义行为；在制度缺失的制度环境中，政策机会类型比较单一，企业管理者可以关注技术升级为企业绿色实践带来的潜在收益，因为制度限制少为企业环境技术应用和绿色产品推广创造了更宽松的环境。而对于处于激烈竞争环境中的企业，管理者应该更多关注利用政策机会为企业解决资源稀缺及短期生存的问题。

最后，在计划经济向市场经济转型的过程中，我国企业有时会面临恶性竞争和相关制度不完善等问题。因此，一方面要正视企业环境责任发展现状，另一方面要不断建立和完善相关政策制度，丰富相关法律法规，强化制度执行力，针对企业环境管理和环境污染行为制定相应的激励机制和惩罚措施，更好地引导企业践行环境责任。在提升企业绿色技术水平方面，政府或行业机构可以牵头组建绿色战略联盟，利用科研机构或高校的先进环保技术帮助技术能力薄弱的企业进行生产工艺的升级，为践行企业环境责任提供技术支持。

7

结论与展望

7.1 主要研究结论

本书整合了悖论理论、战略认知视角及制度基础观，构建了关于企业悖论认知、政策机会识别、技术升级、制度环境、市场环境与企业环境责任的研究框架，并对变量间的关系进行了理论探讨，提出了 13 条理论假设。通过对 206 家中国企业样本进行数据检验，得出以下主要结论：

7.1.1 悖论认知有利于提高企业环境责任

本书认为，企业悖论认知作为一种战略认知框架，可以帮助企业理解和接受环境责任和财务绩效的对立共存关系，并促进企业主动寻求创造性的方式来激发企业环境责任对财务绩效的潜在积极效应，从根本上提高企业环境责任。以往关于企业环境责任的驱动因素研究，大多基于制度理论和利益相关者理论，对环境责任和财务绩效之间的关系存在不同的解读。悖论的视角认为企业环境责任和财务绩效之间是互不相容且长期依存的关系，整合了两种视角对企业环境责任的认知。本书认为，当企业能基于悖论的视角看待企业环境责任和财务绩效的关系时，会影响企业在环境责任方面的表现。具体来说，具有悖论认知的企业更愿意理解和接受环境责任和财务绩效之间对立共存的关系，追求其中任何一方并不能有效缓解二者之间的紧张关系，因此会激发企业寻求适当的途径来进行环境和经济的整合，促进企业进行持续的绿色实践和环境管理活动，实现企业环境责任的提升。

7.1.2 机会识别（政策机会识别和技术升级）作为认知过程在企业悖论认知影响企业环境责任的过程中起着中介作用

本书发现，悖论认知帮助企业看到了践行环境责任的积极作用，发现和创造能够兼顾环境责任和财务绩效的机会，包括政策机会识别和技术升级。创业研究学者一致认为，机会来源于变化，因此识别变化是识别机会的前提（Baron，2006；DeTienne 和 Chandler，2007）。政策机会是企业基于政策环境的变化识别到的有利于企业发展的有利因素，技术升级是企业基于通过内外部学习实现技术水平的提升中识别到的有利于企业发展的积极因素，政策环境的变化和技术能力的升级会给企业创造一些不均衡（George 等，2016）。基于战略认知理论的视角，悖论认知可以帮助企业感受和接受因变化产生的不均衡，并且利用这种不均衡形成有利于企业经营和发展的机会。具有悖论认知的企业更容易捕捉政策机会和技术机会，因为它们在政策环境和技术方面的变化和不均衡的感知更敏感，而且能激发企业采用创造性的方式将变化和不均衡转变为机会。进一步地，本书认为政策机会识别和技术升级作为战略形成的认知过程，在悖论认知和环境责任的关系中起着中介作用。基于战略认知过程框架，在"悖论认知—政策机会识别/技术升级—企业环境责任"模型中，企业悖论认知作为战略认知结构，是一种发起因素，政策机会识别和技术升级作为绿色战略形成的认知过程，识别到企业环境责任和财务绩效协同发展的机会，构建和形成践行企业环境责任的价值和意义。由此可见，悖论认知帮助企业进行政策机会识别和技术升级，有效地缓解企业环境责任和财务绩效的张力，提高企业践行环境责任的意愿和能力。

7.1.3 政策机会识别和技术升级是提高企业环境责任的有效途径

首先，政策机会识别可以有效提高企业环境责任。在转型经济背景下，政府政策和行业规范仍然发挥着不容忽视的导向作用。一方面可对企业环境破坏行为加大惩罚力度，另一方面通过制定引导性激励政策，鼓励企业进行绿色创业和绿色转型。政策机会识别帮助企业理解和认识环保政策的发展变化，从中发现政策机会，加强企业开展环保活动和开发绿色市场的意愿和行为。企业利用绿色信贷获取、税收减免、绿色创新奖励或特有资源优先使用等政策机会，降低企业绿色行为的投入成本和风险，实现企业环境责任和财务绩效的兼顾，减少企业践行环境责任的阻力。由此可见，企业可以通过政策机会识别提高企业环境责任。

其次，技术升级为企业践行环境责任提供技术支持。我国企业尚存在资源匮乏、创新能力不足的问题，尤其是对于中小企业而言，缺乏绿色生产或推广技术成为企业进行绿色实践的主要障碍。企业通过内部学习和外部合作强化自身技术能力，清除企业绿色转型的障碍，实现能源可重复利用、生产材料可回收、排放污染可控制，满足绿色生产的需求，引导企业进入"绿色环保—高效率"的良性循环，实现企业环境责任和财务绩效之间的协同作用，增强企业践行环境责任的能力。因此，企业可以通过技术升级提高企业环境责任。

7.1.4 恶性竞争、制度缺失和竞争强度对政策机会识别和技术升级影响企业环境责任过程中起着调节作用

本书研究发现，制度环境影响企业对政策机会和技术机会的利用效果，在政策机会识别和技术升级与企业环境责任的关系中发挥调节作用。具体而言，恶性竞争增加了企业生存压力，使政策机会识别的价值更加凸显，因此正向调节政策机会识别对企业环境责任的影响。相反地，制度缺失会降低政策机会的多样性和明确性，削弱企业对政策机会的利用效果，因此负向调节政策机会识别对企业环境责任的影响。而在技术升级影响企业环境责任的过程中，制度缺失提供了更宽松、更自由的环境，利于企业形成更具创造性的环境友好型产品和服务的机会，吸引更多的绿色消费群体，因此正向调节技术升级对企业环境责任的影响。

研究结果显示，市场竞争强度正向调节政策机会识别和企业环境责任的关系，负向调节技术升级和企业环境责任的关系。在激烈竞争的环境下，企业面临的资源匮乏问题更加严重，企业进行绿色实践活动的风险增大，履行环境责任的意愿减弱，企业利用政策机会获取金融资源和社会资本，可以有效地缓解资源不足带来的负面影响，因此，竞争强度越大，企业从政策机会中获得的价值越高。

相反地，企业在竞争强度较大的环境中更迫切的需求是提高短期效率和缓解情绪焦虑，而技术机会的应用需要经历较长时期的技术试验、开发、应用和推广等，具有长期性和不确定性，难以有效地应对激烈的竞争，因此，竞争强度越大，企业从技术机会中获得的价值越低。

7.2　研究的主要创新点

现有研究结论的多样性与理论视角较单一，导致企业环境责任领域的学者陷入了"非此即彼"的困境，对经济目标与环境绩效之间的关系缺乏全面认识。而本书大胆地跳出传统思维模式，基于悖论理论，借助战略认知框架分析，为企业环境责任的驱动研究提供了全新的认识。而这一分析路径不仅回答了企业为何会践行环境责任的问题，同时也解决了相关研究的困境。本书的创新性工作可凝练成以下四个方面：

第一，将悖论理论引入企业环境责任研究框架，认为企业环境责任和财务绩效是相互矛盾且共存依赖的悖论关系，有效解决了制度理论和利益相关者理论在解释二者关系时不够全面的问题。

以往关于企业环境责任前因变量的研究大多基于制度理论和利益相关者理论的视角，分析影响企业环境责任的驱动因素。制度理论的观点认为，企业环境责任具有较强的外部性，与财务绩效是互不相容的关系。因此，外部压力是企业践行环境责任的主要影响因素。利益相关者理论认为，企业通过践行环境责任获取社会资本，建立竞争优势和合法性，从而有利于提高财务绩效。因此，获得合法性、声誉和社会资本等动机是企业践行环境责任的主要影响因素。本书基于悖论理论，强调企业环境责任和财务绩效之间是相互矛盾的共存依赖关系，并提出企业能否主动践行环境责任主要取决于如何理解环境责任和财务绩效的关系，即悖论认知水平。悖论认知能引导企业全面理解和有效处理二者的关系，从根本上促进了企业主动践行环境责任。本书开发了新的理论视角，为理解企业环境责任提供了更加全面的认识，弥补了以往研究的不足。

第二，基于战略认知过程框架，探讨了悖论认知对企业环境责任的影响机制，强调了机会识别作为认知过程发挥的中介作用，打开了悖论认知和企业环责任关系的"黑匣子"，拓展了战略认知理论在悖论认知、机会识别和企业环境责任三个研究领域的应用。

战略认知理论认为，由于决策主体的有限理性，组织战略决策和结果会受到认知结构的影响，而认知过程是连接认知结构和组织结果的桥梁。根据 Narayanan 和 Kemmerer（2011）的战略认知过程框架，企业悖论认知作为一种组织认知结构，通过认知过程构建和形成战略价值和意义，最终作用于企业环境责任。政策、技术等方面的变化创造了信息，悖论认知会影响企业对上述信息的收集和理解，在这一认知过程中帮助企业在上述变化中识别到能够实现企业环境责任和财务绩效共同提升的机会，构建和形成企业绿色战略意义，从而促进企业践行环境责任。这一研究路径将战略认知理论引入企业环境责任影响因素研究中，回应了 Frynas 和 Yamahaki（2016）、Yang 等（2018）对战略认知驱动因素影响企业环境责任研究的呼吁，强调了决策主体的有限理性及其对组织战略行为的重要影响，深化了企业环境责任的前因研究。进一步地，本书强调了机会识别作为企业重要的认知过程的中介作用，打开了"悖论认知—企业环境责任"关系的"黑匣子"，基于战略认知过程框架将悖论认知、机会识别和企业环境责任研究进行整合，拓展了战略认知理论在上述研究领域的应用。

第三，针对机会识别的不同路径，分析了政策机会识别（外部机会识别）和技术升级（内部机会识别）对企业环境责任的促进作用，拓展了企业环境责任的前因变量研究，同时丰富了机会识别的影响结果研究。

本书扩展了企业环境责任前因变量的研究。以往研究主要关注制度层面的压力（政策压力、利益相关者压力等）和组织个体层面的动机（竞争力动机、合法性动机等），较少关注机会识别在提高企业环境责任方面发挥的积极作用（Lee 等，2018）。本书认为，企业积极践行环境责任的根本原因在于发现和处理企业环境责任和财务绩效的紧张关系，机会识别是企业兼顾环境责任和财务绩效的悖论解决途径。具体来说，政策机会识别和技术升级是企业从外部政策环境和内部能力识别到的能够实现环境责任与财务绩效共同提升的潜在机会。政策机会识别为企业实施环境管理活动提供了政策支持，并帮助企业利用政策机会获取资源，技术升级为企业进行绿色创业和转型清除了技术障碍，因此二者在处理环境责任与财务绩效的紧张关系中发挥着重要作用，有助于加强企业践行环境责任的意愿和行为。这一研究将政策机会识别和技术升级引入企业社会责任的研究框架，启发该领域学者未来对机会识别等战略形成过程影响企业环境责任的关注。

第四，考虑到情境因素可能存在的影响，本书在分析内外部机会识别影响企业环境责任时关注了制度环境和市场环境的权变影响，从制度基础观探讨了恶性竞争、制度缺失和竞争强度的调节作用，丰富了转型经济背景下企业环境责任的情境因素研究。

无论是企业环境责任的驱动因素研究，还是机会识别的影响结果研究，对制度环境和市场环境等情境因素的影响关注较少（Aguinis 和 Glavas，2012；George 等，2016）。恶性竞争、制度缺失作为主要的制度特征，及竞争强度作为主要的市场特征，给企业带来不同的挑战和风险，从而影响政策机会和技术机会的开发和利用效果。这一研究不仅有助于探明政策机会识别和技术升级对企业环境责任的影响作用，更有利于系统、全面地认识制度和市场环境对不同机会开发和利用的过程，从而使企业履行环境责任的结果产生差异。因此，本书填补了影响企业环境责任研究中的情境因素的空缺，完善了转型经济背景下的企业环境责任研究框架。

7.3 研究局限与未来的研究方向

虽然本书从战略认知的视角审视了企业悖论认知对环境责任的影响，通过广泛的企业样本进行了实证检验，但也难免存在诸多不足。同时，本书在企业环境责任研究框架中所开拓的新思路，也为本领域学者提供了些许需要进一步完善的方向。研究局限与未来研究方向的具体内容如下：

第一，主要关注了企业环境责任作为结果变量进行研究，没有探讨慈善捐赠、企业政治责任、企业客户责任等内容，因此未来研究需要关注企业社会责任的其他内容，也可通过对比进一步探究不同内容的结果差异。企业社会责任是一个比较复杂的概念，包含了众多因素及其相互之间的制约联系。Kolk（2016）提出，企业社会责任的不同内容受到的前因驱动影响存在差异。本书分析了企业悖论认知、政策机会识别和技术升级在企业实现环境责任方面的促进作用，而对于这些认知结构和认知过程对企业慈善捐赠、企业政治责任、企业客户责任等的作用尚未可知。因此，为了更全面地分析企业悖论认知及战略形成过程对企业社会责任的影响，未来研究应该考虑企业社会责任的其他内容，并将上述研究框架与其他结果变量进行比较。

第二，在解释悖论认知影响企业环境责任的作用机制时，主要引入政策机会识别和技术升级作为中介变量，但是基于战略认知过程框架，没有考虑学习和创新等其他战略形成过程，可能也是悖论认知和企业环境责任的关系研究中"黑匣子"的内容，因此，未来的研究可以探索其他中介机制。很多研究探讨了企业悖论认知对团队创新、双元学习等因素的积极影响（Lewis，2000；Lewis 等，2014；Zhang 等，2017），而这些因素可能会影响企业环境责任和财务绩效之间的紧张关系，而且在企业悖论认知影响环境责任的过程中发挥着中介作用。因此，未来研究有必要进一步挖掘创新和学习的作用。

第三，讨论了企业悖论认知在促进政策机会识别、技术升级及企业环境责任等方面的积极作用，而较少关注悖论认知的负面影响，未来的研究可以关注悖论认知为企业带来的消极效应，如悖论认知可能要求企业同时考虑多个相互竞争的需求并寻求有效整合这些需求的方法，因此承受更多的压力（Zhang 等，2015）。一方面，由于组织的复杂性，拥有的资源和能力不同，可能会和悖论认知形成交互效应，对企业环境责任或其他战略结果产生不同影响。另一方面，企业所处环境也可能会影响企业悖论认知和组织结果之间的关系。因此，未来研究需要关注不同情境下企业悖论认知的潜在弊端。

第四，在受到了样本特征的局限性时，本书通过中国企业的数据，验证了企业悖论认知、机会识别、制度环境和市场环境以及企业环境责任的研究框架，在很大程度上反映了中国特有的悖论认知方式帮助企业实现环境责任和财务绩效的协同，未来研究需要关注发达国家的悖论认知是否会带来相同的结果。进一步地，未来可以进行跨文化研究，探究在不同文化背景下企业悖论认知是否会产生不同的战略行为。

第五，本书的数据来源主要是高层管理者的主观报告，因此数据的准确性在一定程度上会受到影响。例如，被调查者教育背景、当下情绪、性格特征等因素（Weterings 和 Koster，2007），可能会导致数据存在一定的偏差。本书采用了一系列检验方法尽可能将数据偏差控制在可接受的范围内，保障了实证结果的科学性和可信度。对于企业悖论认知、政策机会识别和技术升级等变量的测量，因为概念本身涉及管理者的主观认知，采取实地一手数据调研更合适，然而对于企业环境责任可以采用客观的二手数据来进行测量。未来研究可以将不同来源的数据进行结合，并对模型结果进行验证，可能会得到更确切的研究结果。

参考文献

[1] Adler P S, Goldoftas B, Levine D I. Flexibility Versus Efficiency? A Case Study of Model Changeovers in the Toyota Production System [J]. Organization Science, 1999, 10 (1): 43-68.

[2] Adomako S, Opoku R A, Frimpong K. The Moderating Influence of Competitive Intensity on the Relationship Between CEOs' Regulatory and SME Internationalization [J]. Journal of International Management, 2017, 23 (3): 268-278.

[3] Aguilera R V, Rupp D E, Williams C A, et al. Putting the Back in Corporate Social Responsibility: A Multilevel Theory of Social Change in Organizations [J]. Academy of Management Review, 2007, 32 (3): 836-863.

[4] Aguinis H, Glavas A. What We Know and Don't Know about Corporate Social Responsibility: A Review and Research Agenda [J]. Journal of Management, 2012, 38 (4): 932-968.

[5] Ahmad N H, Ramayah T. Does the Notion of "doing well by doing good" Prevail among Entrepreneurial Ventures in a Developing Nation? [J]. Journal of Business Ethics, 2012, 106 (4): 479-490.

[6] Aiken L S, West S G, Reno R R. Multiple Regression: Testing and Interpreting Interactions [M]. London: Sage, 1991.

[7] Albdour A A, Altarawneh I I. Corporate Social Responsibility and Employee Engagement in Jordan [J]. International Journal of Business and Management, 2012, 7 (16): 89.

[8] Albert S, Whetten D A. Organizational Identity [J]. Research in Organizational Behavior, 1985 (7): 263-295.

[9] Allen J C, Malin S. Green Entrepreneurship: A Method for Managing Natural Resources? [J]. Society and Natural Resources, 2008, 21 (9): 828-844.

[10] Alsos G A, Kaikkonen V. Opportunity Recognition and Prior Knowledge: A Study of Experienced Entrepreneurs [C]. 13th Nordic Conference on Small Business Research, 2004.

[11] Alvarez S A, Barney J B. Discovery and Creation: Alternative Theories of Entrepreneurial Action [J]. Strategic Entrepreneurship Journal, 2007, 1 (1-2): 11-26.

[12] Amaeshi K, Adi A, Ogbechie C, et al. Corporate Social Responsibility in Nigeria: Western Mimicry or Indigenous Influences? [EB/OL]. Available at SSRN: https://ssrn.com/abstract=896500 or http://dx.doi.org/10.2139/ssrn.896500.

[13] Ambec S, Lanoie P. Does It Pay to be Green? A Systematic Overview [J]. The Academy of Management Perspectives, 2008 (7): 45-62.

[14] Andriopoulos C, Lewis M W. Managing Innovation Paradoxes: Ambidexterity Lessons from Leading Product Design Companies [J]. Long Range Planning, 2010, 43 (1): 104-122.

[15] Ardichvili A, Cardozo R, Ray S. A Theory of Entrepreneurial Opportunity Identification and Development [J]. Journal of Business Venturing, 2003, 18 (1): 105-123.

[16] Ardichvili A, Cardozo R, Ray S. A Theory of Entrepreneurial Opportunity Identification and Development [J]. Journal of Business Venturing, 2003, 18 (1): 105-123.

[17] Armstrong J S, Overton T S. Estimating Nonresponse Bias in Mail Surveys [J]. Journal of Marketing Research, 1977, 14 (3): 396-402.

[18] Arora B, Ali Kazmi S B. Performing Citizenship: An Innovative Model of Financial Services for Rural Poor in India [J]. Business & Society, 2012, 51 (3): 450-477.

[19] Arrow K J. Economic Welfare and the Allocation of Resources for Invention. Readings in Industrial Economics [M]. London: Readings in Industrial Economics Palgrave, 1972.

[20] Arthur W B. Competing Technologies, Increasing Returns, and Lock-in by

Historical Events [J]. The Economic Journal, 1989, 99 (394): 116-131.

[21] Arya B, Zhang G. Institutional Reforms and Investor Reactions to CSR Announcements: Evidence from an Emerging Economy [J]. Journal of Management Studies, 2009, 46 (7): 1089-1112.

[22] Ashforth B E, Gibbs B W. The Double-Edge of Organizational Legitimation [J]. Organization Science, 1990, 1 (2): 177-194.

[23] Ashforth B E, Reingen P H. Functions of Dysfunction: Managing the Dynamics of an Organizational Duality in a Natural Food Cooperative [J]. Administrative Science Quarterly, 2014, 59 (3): 474-516.

[24] Atkeson A, Burstein A T. Innovation, Firm Dynamics, and International Trade [J]. Journal of Political Economy, 2010, 118 (3): 433-484.

[25] Auh S, Menguc B. Balancing Exploration and Exploitation: The Moderating Role of Competitive intensity [J]. Journal of Business Research, 2005, 58 (12): 1652-1661.

[26] Babiak K, Trendafilova S. CSR and Environmental Responsibility: Motives and Pressures to Adopt Green Management Practices [J]. Corporate Social Responsibility and Environmental Management, 2011, 18 (1): 11-24.

[27] Baker T, Nelson R E. Creating Something from Nothing: Resource Construction through Entrepreneurial Bricolage [J]. Administrative Science Quarterly, 2005, 50 (3): 329-366.

[28] Bansal P, Roth K. Why Companies Go Green: A Model of Ecological Responsiveness [J]. Academy of Management Journal, 2000, 43 (4): 717-736.

[29] Barnett M L. Stakeholder Influence Capacity and the Variability of Financial Returns to Corporate Social Responsibility [J]. Academy of Management Review, 2007, 32 (3): 794-816.

[30] Barney J B. Strategic Factor Markets: Expectations, Luck, and Business Strategy [J]. Management Science, 1986, 32 (10): 1231-1241.

[31] Baron R A. Opportunity Recognition as Pattern Recognition: How Entrepreneurs "connect the dots" to Identify New Business Opportunities [J]. Academy of Management Perspectives, 2006, 20 (1): 104-119.

[32] Baron R M, Kenny D A. The Moderator-mediator Variable Distinction in

Social Psychological Research: Conceptual, Strategic, and Statistical Considerations [J]. Journal of Personality and Social Psychology, 1986, 51 (6): 1173.

[33] Barr P S. Adapting to Unfamiliar Environmental Events: A Look at the Evolution of Interpretation and Its Role in Strategic Change [J]. Organization Science, 1998, 9 (6): 644-669.

[34] Bartunek J M, Rynes S L. Academics and Practitioners are Alike and Unlike: The Paradoxes of Academic-practitioner Relationships [J]. Journal of Management, 2014, 40 (5): 1181-1201.

[35] Baughn C C, Bodie N L, McIntosh J C. Corporate Social and Environmental Responsibility in Asian Countries and Other Geographical Regions [J]. Corporate Social Responsibility and Environmental Management, 2007, 14 (4): 189-205.

[36] Baysinger B, Hoskisson RE. The Composition of Boards of Directors and Strategic Control: Effects on Corporate Strategy [J]. Academy of Management Review, 1990, 15 (1): 72-87.

[37] Bloodgood J M, Chae B. Organizational Paradoxes: Dynamic Shifting and Integrative Management [J]. Management Decision, 2010, 48 (1): 85-104.

[38] Boso N, Cadogan J W, Story V M. Complementary Effect of Entrepreneurial and Market Orientations on Export New Product Success under Differing Levels of Competitive Intensity and Financial Capital [J]. International Business Review, 2012, 21 (4): 667-681.

[39] Boudier F, Bensebaa F. Hazardous Waste Management and Corporate Social Responsibility: Illegal Trade of Electrical and Electronic Waste [J]. Business and Society Review, 2011, 116 (1): 29-53.

[40] Bradach J L. Using the Plural Form in the Management of Restaurant Chains [J]. Administrative Science Quarterly, 1997 (8): 276-303.

[41] Bradley S W, McMullen J S, Artz K, et al. Capital Is Not Enough: Innovation in Developing Economies [J]. Journal of Management Studies, 2012, 49 (4): 684-717.

[42] Brammer S, Millington A. Does It Pay to be Different? An Analysis of the Relationship between Corporate Social and Financial Performance [J]. Strategic Management Journal, 2008, 29 (12): 1325-1343.

［43］ Brandenburger A M, Nalebuff B J. Co-opetition ［M］. New York: Double-day, 1996.

［44］ Briscoe F. Paradox and Contradiction in Organizations: Introducing Two Articles on Paradox and Contradiction in Organizations ［J］. The Academy of Management Annals, 2016, 10（1）: 1-3.

［45］ Brislin R W. Cross-Cultural Research Methods ［M］. Boston, MA: Environment and Culture, Springer, 1980.

［46］ Bustos P. Trade Liberalization, Exports, and Technology Upgrading: Evidence on the Impact of MERCOSUR on Argentinian Firms ［J］. American Economic Review, 2011, 101（1）: 304-340.

［47］ Cadogan J W, Cui C C, Kwok Yeung Li E. Export Market Oriented Behavior and Export Performance: The Moderating Roles of Competitive Intensity and Technological Turbulence ［J］. International Marketing Review, 2003, 20（5）: 493-513.

［48］ Cai L, Chen B, Chen J, et al. Dysfunctional Competition & Innovation Strategy of New Ventures as They Mature ［J］. Journal of Business Research, 2017（78）: 111-118.

［49］ Cai L, Cui J, Jo H. Corporate Environmental Responsibility and Firm Risk ［J］. Journal of Business Ethics, 2016, 139（3）: 563-594.

［50］ Cameron K S, Quinn R E. Organizational Paradox and Transformation ［M］. Ballinger Publishing Co/Harper & Row Publishers, 1988.

［51］ Cameron K S. Effectiveness as Paradox: Consensus and Conflict in Conceptions of Organizational Effectiveness ［J］. Management Science, 1986, 32（5）: 539-553.

［52］ Campbell D T, Fiske D W. Convergent and Discriminant Validation by the Multitrait Multimethod Matrix ［J］. Psychological Bulletin, 1959, 56（2）: 81.

［53］ Carroll A B. Corporate Social Responsibility: Evolution of a Definitional Construct ［J］. Business & Society, 1999, 38（3）: 268-295.

［54］ Cash A C. Corporate Social Responsibility and Petroleum Development in Sub-Saharan Africa: The Case of Chad ［J］. Resources Policy, 2012, 37（2）: 144-151.

［55］ Casson M, Wadeson N. The Discovery of Opportunities: Extending the

Economic Theory of the Entrepreneur [J]. Small Business Economics, 2007, 28 (4): 285-300.

[56] Casson M. Entrepreneurship and the Theory of the Firm [J]. Journal of Economic Behavior & Organization, 2005, 58 (2): 327-348.

[57] Chaklader B, Gautam N. Efficient Water Management through Public-private Partnership Model: An Experiment in CSR by Coca-Cola India [J]. Vikalpa, 2013, 38 (4): 97-104.

[58] Chakrabarty S. The Influence of National Culture and Institutional Voids on Family Ownership of Large Firms: A Country Level Empirical Study [J]. Journal of International Management, 2009, 15 (1): 32-45.

[59] Chandler G N, DeTienne D R, Lyon D W. Outcome Implications of Opportunity Creation/discovery Processes [C]. Babson College, Babson Kauffman Entrepreneurship Research Conference (BKERC), 2002.

[60] Chan M C, Watson J, Woodliff D. Corporate Governance Quality and CSR Disclosures [J]. Journal of Business Ethics, 2014, 125 (1): 59-73.

[61] Chan R Y, He H, Chan H K, et al. Environmental Orientation and Corporate Performance: The Mediation Mechanism of Green Supply Chain Management and Moderating Effect of Competitive Intensity [J]. Industrial Marketing Management, 2012, 41 (4): 621-630.

[62] Chen M J. Reconceptualizing the Competition—cooperation Relationship: A Transparadox Perspective [J]. Journal of Management Inquiry, 2008, 17 (4): 288-304.

[63] Chin M, Hambrick D C, Treviño LK. Political Ideologies of CEOs: The Influence of Executives' Values on Corporate Social Responsibility [J]. Administrative Science Quarterly, 2013, 58 (2): 197-232.

[64] Choi Y R, Shepherd D A. Entrepreneurs' Decisions to Exploit Opportunities [J]. Journal of Management, 2004, 30 (3): 377-395.

[65] Chreim S. The Continuity-change Duality in Narrative Texts of Organizational Identity [J]. Journal of Management Studies, 2005, 42 (3): 567-593.

[66] Christmann P, Taylor G. Firm Self-regulation through International Certifiable Standards: Determinants of Symbolic Versus Substantive Implementation [J].

Journal of International Business Studies, 2006, 37 (6): 863-878.

[67] Chung C C, Beamish P W. The Trap of Continual Ownership Change in International Equity Joint Ventures [J]. Organization Science, 2010, 21 (5): 995-1015.

[68] Churchill G A, Ford N M, Hartley S W, et al. The Determinants of Salesperson Performance: A Meta-analysis [J]. Journal of Marketing Research, 1985, 22 (2): 103-118.

[69] Churchill G A. A Paradigm for Developing Better Measures of Marketing Constructs [J]. Journal of Marketing Research, 1979, 16 (1): 64-73.

[70] Claasen C, Roloff J. The Link between Responsibility and Legitimacy: The Case of De Beers in Namibia [J]. Journal of Business Ethics, 2012, 107 (3): 379-398.

[71] Clarkson M E. A Stakeholder Framework for Analyzing and Evaluating Corporate Social Performance [J]. Academy of Management Review, 1995, 20 (1): 92-117.

[72] Companys Y E, McMullen J S. Strategic Entrepreneurs at Work: The Nature, Discovery, and Exploitation of Entrepreneurial Opportunities [J]. Small Business Economics, 2007, 28 (4): 301-322.

[73] Companys Y E, McMullen J S. Strategic Entrepreneurs at Work: The Nature, Discovery, and Exploitation of Entrepreneurial Opportunities [J]. Small Business Economics, 2007, 28 (4): 301-322.

[74] Corbett A C. Experiential Learning within the Process of Opportunity Identification and Exploitation [J]. Entrepreneurship Theory and Practice, 2005, 29 (4): 473-491.

[75] Corbett A C. Learning Asymmetries and the Discovery of Entrepreneurial Opportunities [J]. Journal of Business Venturing, 2007, 22 (1): 97-118.

[76] Cramer J. Company Learning about Corporate Social Responsibility [J]. Business Strategy and the Environment, 2005, 14 (4): 255-266.

[77] Ćeha M. Analysis of the Application of the Concept of Corporate Social Responsibility in Local Businesses/Analiza Primene Koncepta Korporativne Društvene Od-

govornosti U Domaćim Poslovnim Organizacijama ［J］. The European Journal of Applied Economics, 2013, 10 (1): 1-10.

［78］ Daft R L, Kendrick M, Vershinia N. Management – USA ［M］. Mason: Thomson South–Western, 2003.

［79］ Daft R L, Weick K E. Toward a Model of Organizations as Interpretation Systems ［J］. Academy of Management Review, 1984, 9 (2): 284-295.

［80］ Dameron S, Torset C. The Discursive Construction of Strategists' Subjectivities: Towards a Paradox Lens on Strategy ［J］. Journal of Management Studies, 2014, 51 (2): 291-319.

［81］ Darnall N, Henriques I, Sadorsky P. Adopting Proactive Environmental Strategy: The Influence of Stakeholders and Firm Size ［J］. Journal of Management Studies, 2010, 47 (6): 1072-1094.

［82］ Dartey–Baah K, Amponsah–Tawiah K. Exploring The Limits Of Western Corporate Social Responsibility Theories In Africa ［J］. International Journal of Business and Social Science, 2011, 2 (18): 581-599.

［83］ Das T K, Teng B S. Instabilities of Strategic Alliances: An Internal Tensions Perspective ［J］. Organization Science, 2000, 11 (1): 77-101.

［84］ Davis K. The Case for and Against Business Assumption of Social Responsibilities ［J］. Academy of Management Journal, 1973, 16 (2): 312-322.

［85］ Deegan C, Rankin M, Tobin J. An Examination of the Corporate Social and Environmental Disclosures of BHP from 1983-1997: A Test of Legitimacy Theory ［J］. Accounting, Auditing & Accountability Journal, 2002, 15 (3): 312-343.

［86］ Deephouse D L. To Be Different, or to be the Same? It's a Question (and theory) of Strategic Balance ［J］. Strategic Management Journal, 1999, 20 (2): 147-166.

［87］ DeFillippi R, Grabher G, Jones C. Introduction to Paradoxes of Creativity: Managerial and Organizational Challenges in the Cultural Economy ［J］. Journal of Organizational Behavior, 2007, 28 (5): 511-521.

［88］ Demil B, Lecocq X. Business Model Evolution: In Search of Dynamic Consistency ［J］. Long Range Planning, 2010, 43 (2-3): 227-246.

［89］ Denis J-L, Lamothe L, Langley A. The Dynamics of Collective Leadership and Strategic Change in Pluralistic Organizations [J]. Academy of Management Journal, 2001, 44 (4): 809-837.

[90] Denis J L, Langley A, Sergi V. Leadership in the Plural [J]. The Academy of Management Annals, 2012, 6 (1): 211-283.

[91] Denison D R, Hooijberg R, Quinn RE. Paradox and Performance: Toward a Theory of Behavioral Complexity in Managerial Leadership [J]. Organization Science, 1995, 6 (5): 524-540.

[92] De Roeck K, Delobbe N. Do Environmental CSR Initiatives Serve Organizations "Legitimacy in the Oil Industry? Exploring Employees" Reactions through Organizational Identification Theory [J]. Journal of Business Ethics, 2012, 110 (4): 397-412.

[93] DeTienne D R, Chandler G N. The Role of Gender in Opportunity Identification [J]. Entrepreneurship Theory and Practice, 2007, 31 (3): 365-386.

[94] De Villiers C, Naiker V, Van Staden C J. The Effect of Board Characteristics on Firm Environmental Performance [J]. Journal of management, 2011, 37 (6): 1636-1663.

[95] Dillman D A. Mail and Telephone Surveys: The Total Design Method [M]. New York: Wiley, 1978.

[96] DiMaggio P, Powell W W. The Iron Cage Revisited: Collective Rationality and Institutional Isomorphism in Organizational Fields [J]. American Sociological Review, 1983, 48 (2): 147-160.

[97] Dimov D. Beyond the Single-person, Single-insight Attribution in Understanding Entrepreneurial Opportunities [J]. Entrepreneurship Theory and Practice, 2007, 31 (5): 713-731.

[98] Dobrow S R, Smith W K, Posner M A. Managing the Grading Paradox: Leveraging the Power of Choice in the Classroom [J]. Academy of Management Learning & Education, 2011, 10 (2): 261-276.

[99] Dougherty M L, Olsen T D. Taking Terrain Literally: Grounding Local Adaptation to Corporate Social Responsibility in the Extractive Industries [J]. Journal of Business Ethics, 2014, 119 (3): 423-434.

[100] Dou J, Su E, Wang S. When Does Family Ownership Promote Proactive

Environmental Strategy? The Role of the Firm's Long-Term Orientation [J]. Journal of Business Ethics, 2017 (7): 1-15.

[101] Dutton J E, Ashford S J, O'Neill R M, et al. Moves that Matter: Issue Selling and Organizational Change [J]. Academy of Management Journal, 2001, 44 (4): 716-736.

[102] Dutton J E, Ashford S J. Selling Issues to Top Management [J]. Academy of Management Review, 1993, 18 (3): 397-428.

[103] Dweck C S. Motivational Processes Affecting Learning [J]. American Psychologist, 1986, 41 (10): 1040.

[104] Dyer J H, Gregersen H B, Christensen C. Entrepreneur Behaviors, Opportunity Recognition, and the Origins of Innovative Ventures [J]. Strategic Entrepreneurship Journal, 2008, 2 (4): 317-338.

[105] Eckhardt J T, Shane S A. Opportunities and Entrepreneurship [J]. Journal of Management, 2003, 29 (3): 333-349.

[106] Ehrgott M, Reimann F, Kaufmann L, et al. Social Sustainability in Selecting Emerging Economy Suppliers [J]. Journal of Business Ethics, 2011, 98 (1): 99-119.

[107] Eisenhardt K M, Westcott B J. Paradoxical Demands and the Creation of Excellence: The Case of Just-in-time manufacturing [M]. Cambridge: Ballinger Publishing Company/Harper & Row Publishers, 1988.

[108] Eisenhardt K M. Paradox, Spirals, Ambivalence: The New Language of Change and Pluralism [J]. Academy of Management Review, 2000, 25 (4): 703-705.

[109] Ellis A P J, Mai K M, Christian J S. Examining the Asymmetrical Effects of Goal Faultlines in Groups: A Categorization-elaboration Approach [J]. Journal of Applied Psychology, 2013, 98 (6): 948.

[110] Ellis P D. Social Ties and International Entrepreneurship: Opportunities and Constraints Affecting Firm Internationalization [J]. Journal of International Business Studies, 2011, 42 (1): 99-127.

[111] Fang T. From "Onion" to "Ocean": Paradox and Change in National Cultures [J]. International Studies of Management & Organization, 2005, 35 (4):

71-90.

[112] Fang T. Yin Yang: A New Perspective on Culture [J]. Management and Organization Review, 2012, 8 (1): 25-50.

[113] Fan P, Liang Q, Liu H, et al. The Moderating Role of Context in Managerial Ties-firm Performance Link: A Meta-analytic Review of Mainly Chinese-based Studies [J]. Asia Pacific Business Review, 2013, 19 (4): 461-489.

[114] Farjoun M. Beyond Dualism: Stability and Change as a Duality [J]. Academy of Management Review, 2010, 35 (2): 202-225.

[115] Feldman M S, Rafaeli A. Organizational Routines as Sources of Connections and Understandings [J]. Journal of Management Studies, 2002, 39 (3): 309-331.

[116] Feng T, Cai D, Wang D, et al. Environmental Management Systems and Financial Performance: The Joint Effect of Switching Cost and Competitive Intensity [J]. Journal of Cleaner Production, 2016 (113): 781-791.

[117] Fiet J O. A Prescriptive Analysis of Search and Discovery [J]. Journal of Management Studies, 2007, 44 (4): 592-611.

[118] Fiol C M. Explaining Strategic Alliance in the Chemical Industry [J]. Mapping Strategic Thought, 1990 (10): 227-249.

[119] Fischer A. Recognizing Opportunities: Initiating Service Innovation in PSFs [J]. Journal of Knowledge Management, 2011, 15 (6): 915-927.

[120] Flammer C, Luo J. Corporate Social Responsibility as an Employee Governance Tool: Evidence from a Quasi Experiment [J]. Strategic Management Journal, 2017, 38 (2): 163-183.

[121] Font X, Guix M, Bonilla-Priego M J. Corporate Social Responsibility in Cruising: Using Materiality Analysis to Create Shared Value [J]. Tourism Management, 2016 (53): 175-186.

[122] Foo M D. Emotions and Entrepreneurial Opportunity Evaluation [J]. Entrepreneurship Theory and Practice, 2011, 35 (2): 375-393.

[123] Ford J K, MacCallum R C, Tait M. The Application of Exploratory Factor Analysis in Applied Psychology: A Critical Review and Analysis [J]. Personnel Psychology, 1986, 39 (2): 291-314.

[124] Fornell C, Larcker D F. Evaluating Structural Equation Models with Unobservable Variables and Measurement Error [J]. Journal of Marketing Research, 1981, 18 (1): 39-50.

[125] Fransen L. The Embeddedness of Responsible Business Practice: Exploring the Interaction between National Institutional Environments and Corporate Social Responsibility [J]. Journal of Business Ethics, 2013, 115 (2): 213-227.

[126] Freeman R E, Reed D L. Stockholders and Stakeholders: A New Perspective on Corporate Governance [J]. California Management Review, 1983, 25 (3): 88-106.

[127] Friedman M. A Theoretical Framework for Monetary Analysis [J]. Journal of Political Economy, 1970, 78 (2): 193-238.

[128] Friedman M. The Social Responsibility of Business is to Increase its Profits [M]. Berlin: Heidelberg, 2007.

[129] Frooman J. Stakeholder Influence Strategies [J]. Academy of Management Review, 1999, 24 (2): 191-205.

[130] Frynas J G, Mellahi K, Pigman G A. First Mover Advantages in International Business and Firm-Specific Political Resources [J]. Strategic Management Journal, 2006, 27 (4): 321-345.

[131] Frynas J G, Stephens S. Political Corporate Social Responsibility: Reviewing Theories and Setting New Agendas [J]. International Journal of Management Reviews, 2015, 17 (4): 483-509.

[132] Frynas J G, Yamahaki C. Corporate Social Responsibility: Review and Roadmap of Theoretical Perspectives [J]. Business Ethics: A European Review, 2016, 25 (3): 258-285.

[133] Fuentes M, Arroyo M R, Bojica A M, et al. Prior Knowledge and Social Networks in the Exploitation of Entrepreneurial Opportunities [J]. International Entrepreneurship and Management Journal, 2010, 6 (4): 481-501.

[134] Gaedeke R M, Tootelian D H. The Fortune "500" List: An Endangered Species for Academic Research [J]. Journal of Business Research, 1976, 4 (3): 283-288.

[135] Gaglio C M, Katz J A. The Psychological Basis of Opportunity Identifica-

tion: Entrepreneurial Alertness [J]. Small Business Economics, 2001, 16 (2): 95-111.

[136] Gaglio C M. The Role of Mental Simulations and Counterfactual Thinking in the Opportunity Identification Process [J]. Entrepreneurship Theory and Practice, 2004, 28 (6): 533-552.

[137] Galbraith J. Designing Complex Organizations [M]. London: Reading, Mass, 1973.

[138] Gao G Y, Xie E, Zhou K Z. How does Technological Diversity in Supplier Network Drive Buyer Innovation? Relational Process and Contingencies [J]. Journal of Operations Management, 2015 (36): 165-177.

[139] Gao J, Bansal P. Instrumental and Integrative Logics in Business Sustainability [J]. Journal of Business Ethics, 2013, 112 (2): 241-255.

[140] Gartner W B. A Conceptual Framework for Describing the Phenomenon of New Venture Creation [J]. Academy of Management Review, 1985, 10 (4): 696-706.

[141] Gavetti G, Levinthal D. Looking Forward and Looking Backward: Cognitive and Experiential Search [J]. Administrative Science Quarterly, 2000, 45 (1): 113-137.

[142] Gebert D, Boerner S, Kearney E. Fostering team Innovation: Why is It Important to Combine Opposing Action Strategies? [J]. Organization Science, 2010, 21 (3): 593-608.

[143] George E, Chattopadhyay P, Sitkin S B, et al. Cognitive Underpinnings of Institutional Persistence and Change: A Framing Perspective [J]. Academy of Management Review, 2006, 31 (2): 347-365.

[144] George N M, Parida V, Lahti T, et al. A Systematic Literature Review of Entrepreneurial Opportunity Recognition: Insights on Influencing Factors [J]. International Entrepreneurship and Management Journal, 2016, 12 (2): 309-350.

[145] Geppert M, Williams K, Matten D. The Social Construction of Contextual Rationalities in MNCs: An Anglo-German Comparison of Subsidiary Choice [J]. Journal of Management Studies, 2003, 40 (3): 617-641.

[146] Ghoshal S, Bartlett C A. Linking Organizational Context and Managerial

Action: The Dimensions of Quality of Management [J]. Strategic Management Journal, 1994, 15 (S2): 91-112.

[147] Gibson C B, Birkinshaw J. The Antecedents, Consequences, and Mediating Role of Organizational Ambidexterity [J]. Academy of Management Journal, 2004, 47 (2): 209-226.

[148] Gielnik M M, Frese M, Graf J M, et al. Creativity in the Opportunity Identification Process and the Moderating Effect of Diversity of Information [J]. Journal of Business Venturing, 2012, 27 (5): 559-576.

[149] Gilbert C G. Change in the Presence of Residual Fit: Can Competing Frames Coexist? [J]. Organization Science, 2006, 17 (1): 150-167.

[150] Gilley K M, Worrell D L, Davidson III W N, et al. Corporate Environmental Initiatives and Anticipated Firm Performance: The Differential Effects of Process-driven Versus Product-driven Greening Initiatives [J]. Journal of Management, 2000, 26 (6): 1199-1216.

[151] Gioia D A, Thomas J B, Clark S M, et al. Symbolism and Strategic Change in Academia: The Dynamics of Sensemaking and Influence [J]. Organization Science, 1994, 5 (3): 363-383.

[152] Gliedt T, Parker P. Green Community Entrepreneurship: Creative Destruction in the Social Economy [J]. International Journal of Social Economics, 2007, 34 (8): 538-553.

[153] Goyal A. Corporate Social Responsibility as a Signalling Device for Foreign Direct Investment [J]. International Journal of the Economics of Business, 2006, 13 (1): 145-163.

[154] Graetz F, Smith A C T. The Role of Dualities in Arbitrating Continuity and Change in Forms of Organizing [J]. International Journal of Management Reviews, 2008, 10 (3): 265-280.

[155] Graves L M, Sarkis J, Zhu Q. How Transformational Leadership and Employee Motivation Combine to Predict Employee Proenvironmental Behaviors in China [J]. Journal of Environmental Psychology, 2013 (35): 81-91.

[156] Grégoire D A, Barr P S, Shepherd D A. Cognitive Processes of Opportunity Recognition: The Role of Structural Alignment [J]. Organization Science, 2010,

21 (2): 413-431.

[157] Grégoire D A, Shepherd D A. Technology-market Combinations and the Identification of Entrepreneurial Opportunities: An Investigation of the Opportunity-individual Nexus [J]. Academy of Management Journal, 2012, 55 (4): 753-785.

[158] Griesse M A. The Geographic, Political, and Economic Context for Corporate Social Responsibility in Brazil [J]. Journal of Business Ethics, 2007, 73 (1): 21-37.

[159] Groves C, Frater L, Lee R, et al. Is There Room at the Bottom for CSR? Corporate Social Responsibility and Nanotechnology in the UK [J]. Journal of Business Ethics, 2011, 101 (4): 525-552.

[160] Gruber M, MacMillan I C, Thompson J D. From Minds to Markets: How Human Capital Endowments Shape Market Opportunity Identification of Technology Start-ups [J]. Journal of Management, 2012, 38 (5): 1421-1449.

[161] Gruber M, MacMillan I C, Thompson J D. Look Before You Leap: Market Opportunity Identification in Emerging Technology Firms [J]. Management Science, 2008, 54 (9): 1652-1665.

[162] Guerci M, Carollo L. A Paradox View on Green Human Resource Management: Insights from the Italian Context [J]. The International Journal of Human Resource Management, 2016, 27 (2): 212-238.

[163] Guo H, Su Z, Ahlstrom D. Business Model Innovation: The Effects of Exploratory Orientation, Opportunity Recognition, and Entrepreneurial Bricolage in An Emerging Economy [J]. Asia Pacific Journal of Management, 2016, 33 (2): 533-549.

[164] Guo H, Tang J, Su Z, et al. Opportunity Recognition and SME Performance: The Mediating Effect of Business Model Innovation [J]. R&D Management, 2017, 47 (3): 431-442.

[165] Gupta A, Briscoe F, Hambrick D C. Evenhandedness in Resource Allocation: Its Relationship with CEO Ideology, Organizational Discretion, and Firm Performance [J]. Academy of Management Journal, 2018, 61 (5): 1848-1868.

[166] Gölgeci I, Gligor D M, Tatoglu E, et al. A Relational View of Environmental Performance: What Role Do Environmental Collaboration and Cross-functional

Alignment Play？［J］. Journal of Business Research，2019（96）：35-46.

［167］Hafsi T，Turgut G. Boardroom Diversity and Its Effect on Social Perform-ance：Conceptualization and Empirical Evidence［J］. Journal of Business Ethics，2013，112（3）：463-479.

［168］Hah K，Freeman S. Multinational Enterprise Subsidiaries and Their CSR：A Conceptual Framework of the Management of CSR in Smaller Emerging Economies［J］. Journal of Business Ethics，2014，122（1）：125-136.

［169］Hahn T，Preuss L，Pinkse J，et al. Cognitive Frames in Corporate Sus-tainability：Managerial Sensemaking with Paradoxical and Business Case Frames［J］. Academy of Management Review，2014，39（4）：463-487.

［170］Halme M. Corporate Environmental Paradigms in Shift：Learning during the Course of Action at UPM-Kymmene［J］. Journal of Management Studies，2002，39（8）：1087-1109.

［171］Hamann R，Smith J，Tashman P，et al. Why do SMEs Go Green？An Analysis of Wine Firms in South Africa［J］. Business & Society，2017，56（1）：23-56.

［172］Hambrick D C. Upper Echelons Theory：An Update［J］. Academy of Management Review，2007，32（2）：334-343.

［173］Harris A S. Living with Paradox：An Introduction to Jungian Psychology［M］. San Francisco：Wadsworth Publishing Company，1996.

［174］Harrison S H，Corley K G. Clean Climbing，Carabiners，and Cultural Cultivation：Developing an Open-systems Perspective of Culture［J］. Organization Sci-ence，2011，22（2）：391-412.

［175］Helfat C E，Peteraf M A. Managerial Cognitive Capabilities and the Micro-foundations of Dynamic Capabilities［J］. Strategic Management Journal，2015，36（6）：831-850.

［176］Helmig B，Spraul K，Ingenhoff D. Under Positive Pressure：How Stake-holder Pressure Affects Corporate Social Responsibility Implementation［J］. Business & Society，2016，55（2）：151-187.

［177］Henisz W J，Dorobantu S，Nartey LJ. Spinning Gold：The Financial Re-turns to Stakeholder Engagement［J］. Strategic Management Journal，2014，35

(12): 1727-1748.

[178] Hess D, Warren D E. The Meaning and Meaningfulness of Corporate Social Initiatives [J]. Business and Society Review, 2008, 113 (2): 163-197.

[179] Hillman A J, Keim G D. Shareholder Value, Stakeholder Management, and Social Issues: What's the Bottom Line? [J]. Strategic Management Journal, 2001, 22 (2): 125-139.

[180] Hillman A J. Politicians on the Board of Directors: Do Connections Affect the Bottom Line? [J]. Journal of Management, 2005, 31 (3): 464-481.

[181] Hite J M. Evolutionary Processes and Paths of Relationally Embedded Network Ties in Emerging Entrepreneurial Firms [J]. Entrepreneurship Theory and Practice, 2005, 29 (1): 113-144.

[182] Hockerts K, Wüstenhagen R. Greening Goliaths Versus emerging Davids— Theorizing about the Role of Incumbents and New Entrants in Sustainable Entrepreneurship [J]. Journal of Business Venturing, 2010, 25 (5): 481-492.

[183] Hodgkinson G P. The Cognitive Analysis of Competitive Structures: A Review and Critique [J]. Human Relations, 1997, 50 (6): 625-654.

[184] Holder-Webb L, Cohen J. The Cut and Paste Society: Isomorphism in Codes of Ethics [J]. Journal of Business Ethics, 2012, 107 (4): 485-509.

[185] Hostager T J, Neil T C, Decker R L, et al. Seeing Environmental Opportunities: Effects of Intrapreneurial Ability, Efficacy, Motivation and Desirability [J]. Journal of Organizational Change Management, 1998, 11 (1): 11-25.

[186] Hotho J J, Pedersen T. Beyond the "Rules of The Game": Three Institutional Approaches and How They Matter for International Business [M]. London: Edward Elgar Publishing, 2012.

[187] Hou M, Liu H, Fan P, et al. Does CSR Practice Pay off in East Asian Firms? A Meta-analytic Investigation [J]. Asia Pacific Journal of Management, 2016, 33 (1): 195-228.

[188] Huber G P. Organizational Learning: The Contributing Processes and the Literatures [J]. Organization Science, 1991, 2 (1): 88-115.

[189] Huff A. Managerial and Organizational Cognition: Islands of Coherence [M]. Oxford: Oxford University Press, 2005.

［190］Hull C E, Rothenberg S. Firm Performance: The Interactions of Corporate Social Performance with Innovation and Industry Differentiation ［J］. Strategic Management Journal, 2008, 29（7）: 781-789.

［191］Hurmerinta L, Nummela N, Paavilainen - Mäntymäki E. Opening and Closing Doors: The Role of Language in International Opportunity Recognition and Exploitation ［J］. International Business Review, 2015, 24（6）: 1082-1094.

［192］Huy Q N. Time, Temporal Capability, and Planned Change ［J］. Academy of Management Review, 2001, 26（4）: 601-623.

［193］Idemudia U. Community Perceptions and Expectations: Reinventing the Wheels of Corporate Social Responsibility Practices in the Nigerian Oil Industry ［J］. Business and Society Review, 2007, 112（3）: 369-405.

［194］Ingram P, Simons T. Institutional and Resource Dependence Determinants of Responsiveness to Work-family Issues ［J］. Academy of Management Journal, 1995, 38（5）: 1466-1482.

［195］Jaffe A B, Newell R G, Stavins R N. Environmental Policy and Technological Change ［J］. Environmental and Resource Economics, 2002, 22（1-2）: 41-70.

［196］Jamali D, Sidani Y, El-Asmar K. A Three Country Comparative Analysis of Managerial CSR Perspectives: Insights from Lebanon, Syria and Jordan ［J］. Journal of Business Ethics, 2009, 85（2）: 173-192.

［197］Jamali D. The CSR of MNC Subsidiaries in Developing Countries: Global, Local, Substantive or Diluted? ［J］. Journal of Business Ethics, 2010, 93（2）: 181-200.

［198］James L R, Brett J M. Mediators, Moderators, and Tests for Mediation ［J］. Journal of Applied Psychology, 1984, 69（2）: 307.

［199］Jarzabkowski P, Lê J K, Van de Ven A H. Responding to Competing Strategic Demands: How Organizing, Belonging, and Performing Paradoxes Coevolve ［J］. Strategic Organization, 2013, 11（3）: 245-280.

［200］Jawahar I, McLaughlin G L. Toward a Descriptive Stakeholder Theory: An Organizational Life Cycle Approach ［J］. Academy of Management Review, 2001, 26（3）: 397-414.

[201] Jaworski B J, Kohli A K. Market Orientation: Antecedents and Consequences [J]. Journal of Marketing, 1993, 57 (3): 53-70.

[202] Jay J. Navigating Paradox as Mechanism of Change and Innovation in Hybrid Organizations [J]. Academy of Management Journal, 2013, 56 (1): 137-159.

[203] Jensen M C. Value Maximization, Stakeholder Theory, and the Corporate Objective Function [J]. Business Ethics Quarterly, 2002, 12 (2): 235-256.

[204] Jia M, Zhang Z. The CEO's Representation of Demands and the Corporation's Response to External Pressures: Do Politically Affiliated Firms Donate More? [J]. Management and Organization Review, 2013, 9 (1): 87-114.

[205] Jose A, Lee S M. Environmental Reporting of Global Corporations: A Content Analysis Based on Website Disclosures [J]. Journal of Business Ethics, 2007, 72 (4): 307-321.

[206] Julian SD, Ofori-Dankwa JC, Justis RT. Understanding Strategic Responses to Interest Group Pressures [J]. Strategic Management Journal, 2008, 29 (9): 963-984.

[207] Kahneman D, Tversky A. Prospect Theory: An Analysis of Decision Under Risk [M]. Singapore City: World Scientific Publishing Company, 2013.

[208] Kaplan S, Murray F, Henderson R. Discontinuities and Senior Management: Assessing the Role of Recognition in Pharmaceutical Firm Response to Biotechnology [J]. Industrial and Corporate Change, 2003, 12 (2): 203-233.

[209] Kaplan S. Research in Cognition and Strategy: Reflections on Two Decades of Progress and A Look to the Future [J]. Journal of Management Studies, 2011, 48 (3): 665-695.

[210] Kelm K M, Narayanan V, Pinches G E. Shareholder Value Creation During R&D Innovation and Commercialization Stages [J]. Academy of Management Journal, 1995, 38 (3): 770-786.

[211] Kemp R, Soete L, Weehuizen R. Towards an Effective Eco-innovation Policy in A Globalised Setting [M] //A Handbook of Globalisation and Environmental Policy. Second Edition, Chapter 7. London: Edward Elgar Publishing, 2012.

[212] Ketchen D J, Thomas J B, McDaniel R R. Process, Content and Context: Synergistic Effects on Organizational Performance [J]. Journal of Management,

1996, 22 (2): 231-257.

[213] Khan S N. Making Sense of the Black Box: An Empirical Analysis Investigating Strategic Cognition of CSR Strategists in a Transitional Market [J]. Journal of Cleaner Production, 2018 (196): 916-926.

[214] Kirzner I M. Competition and Entrepreneurship [M]. Chicago: University of Chicago Press, 2015.

[215] Kirzner I M. Perception, Opportunity, and Profit [M]. Chicago: University of Chicago Press, 1979.

[216] Klarner P, Raisch S. Move to the Beat—Rhythms of Change and Firm Performance [J]. Academy of Management Journal, 2013, 56 (1): 160-184.

[217] Klassen R D, Whybark D C. The Impact of Environmental Technologies on Manufacturing Performance [J]. Academy of Management Journal, 1999, 42 (6): 599-615.

[218] Knight F H. Risk, Uncertainty and Profit [M]. Chicago: Courier Corporation, 2012.

[219] Knox S, Maklan S, French P. Corporate Social Responsibility: Exploring Stakeholder Relationships and Programme Reporting Across Leading FTSE Companies [J]. Journal of Business Ethics, 2005, 61 (1): 7-28.

[220] Knudsen J S. The Growth of Private Regulation of Labor Standards in Global Supply Chains: Mission Impossible for Western Small- and Medium-Sized Firms? [J]. Journal of Business Ethics, 2013, 117 (2): 387-398.

[221] Kolk A, Van Tulder R. Poverty Alleviation as Business Strategy? Evaluating Commitments of Frontrunner Multinational Corporations [J]. World Development, 2006, 34 (5): 789-801.

[222] Kolk A. The Social Responsibility of International Business: From Ethics and the Environment to CSR and Sustainable Development [J]. Journal of World Business, 2016, 51 (1): 23-34.

[223] Kontinen T, Ojala A. Network Ties in the International Opportunity Recognition of Family SMEs [J]. International Business Review, 2011, 20 (4): 440-453.

[224] Kourilsky M L, Esfandiari M. Entrepreneurship Education and Lower Socioeconomic Black Youth: An Empirical Investigation [J]. The Urban Review, 1997,

29 (3): 205-215.

[225] Kourilsky M L, Walstad W B. Entrepreneurship and Female Youth: Knowledge, Attitudes, Gender Differences, and Educational Practices [J]. Journal of Business Venturing, 1998, 13 (1): 77-88.

[226] Krogh G, Roos J. A Tale of the Unfinished [J]. Strategic Management Journal, 1996, 17 (9): 729-737.

[227] Lado A A, Boyd N G, Hanlon S C. Competition, Cooperation, and the Search for Economic Rents: A Syncretic Model [J]. Academy of Management Review, 1997, 22 (1): 110-141.

[228] Lambert D M, Harrington T C. Measuring Nonresponse Bias in Customer Service Mail Surveys [J]. Journal of Business Logistics, 1990, 11 (2): 5.

[229] Lavie D, Stettner U, Tushman M L. Exploration and Exploitation within and Across Organizations [J]. The Academy of Management Annals, 2010, 4 (1): 109-155.

[230] Lawrence P R, Lorsch J W. Organization and Environment Managing Differentiation and Integration [M]. Homewood, IL: Irwin. 1967.

[231] Lee J H, Venkataraman S. Aspirations, Market Offerings, and the Pursuit of Entrepreneurial Opportunities [J]. Journal of Business Venturing, 2006, 21 (1): 107-123.

[232] Lee J W, Kim Y M, Kim Y E. Antecedents of Adopting Corporate Environmental Responsibility and Green Practices [J]. Journal of Business Ethics, 2018, 148 (2): 397-409.

[233] Lee R P, Tang X. Does It Pay to Be Innovation and Imitation Oriented? An Examination of the Antecedents and Consequences of Innovation and Imitation Orientations [J]. Journal of Product Innovation Management, 2018, 35 (1): 11-26.

[234] Lewis M W, Andriopoulos C, Smith W K. Paradoxical Leadership to Enable Strategic Agility [J]. California Management Review, 2014, 56 (3): 58-77.

[235] Lewis M W, Smith W K. Paradox as a Metatheoretical Perspective: Sharpening the Focus and Widening the Scope [J]. The Journal of Applied Behavioral Science, 2014, 50 (2): 127-149.

[236] Lewis M W. Exploring Paradox: Toward a More Comprehensive Guide

[J]. Academy of Management Review, 2000, 25 (4): 760-776.

[237] Li H, Atuahene-Gima K. Product Innovation Strategy and the Performance of New Technology Ventures in China [J]. Academy of Management Journal, 2001, 44 (6): 1123-1134.

[238] Li H, Zhang Y. The Role of Managers' Political Networking and Functional Experience in New Venture Performance: Evidence from China's Transition Economy [J]. Strategic Management Journal, 2007, 28 (8): 791-804.

[239] Lin C Y, Ho Y H. Determinants of Green Practice Adoption for Logistics Companies in China [J]. Journal of Business Ethics, 2011, 98 (1): 67-83.

[240] Lindblom C. The Concept of Organizational Legitimacy and Its Implications for Corporate Social Responsibility Disclosure [J]. American Accounting Association Public Interest Section, 1983 (5): 220-221.

[241] Lin Li-Wen. Corporate Social Responsibility in China: Window Dressing or Structural Change [J]. Berkeley Journal of International Law, 2010 (28): 64.

[242] Linnanen L. An Insider's Experiences with Environmental Entrepreneurship [J]. Greener Management International, 2009, 38 (38): 71-80.

[243] Li P P. The Unique Value of Yin-Yang Balancing: A Critical Response [J]. Management and Organization Review, 2014, 10 (2): 321-332.

[244] Liu W, Atuahene-Gima K. Enhancing Product Innovation Performance in a Dysfunctional Competitive Environment: The Roles of Competitive Strategies and Market-based Assets [J]. Industrial Marketing Management, 2018 (73): 7-20.

[245] Liu Y. High-tech Ventures' Innovation and Influences of Institutional voids: A Comparative Study of Two High-tech Parks in China [J]. Journal of Chinese Entrepreneurship, 2011, 3 (2): 112-133.

[246] Li Y. Emotions and New Venture Judgment in China [J]. Asia Pacific Journal of Management, 2011, 28 (2): 277-298.

[247] Lubatkin M H, Simsek Z, Ling Y, et al. Ambidexterity and Performance in Small-to Medium-sized Firms: The Pivotal Role of Top Management Team Behavioral Integration [J]. Journal of Management, 2006, 32 (5): 646-672.

[248] Lumpkin G T, Lichtenstein B B. The Role of Organizational Learning in the Opportunity-Recognition Process [J]. Entrepreneurship Theory and Practice,

2005, 29 (4): 451-472.

[249] Lund-Thomsen P. Assessing the Impact of Public-private Partnerships in the Global South: The Case of the Kasur Tanneries Pollution Control Project [J]. Journal of Business Ethics, 2009, 90 (1): 57.

[250] Luo X, Bhattacharya C B. Corporate Social Responsibility, Customer Satisfaction, and Market value [J]. Journal of Marketing, 2006, 70 (4): 1-18.

[251] Lüscher L S, Lewis M W. Organizational Change and Managerial Sensemaking: Working through Paradox [J]. Academy of Management Journal, 2008, 51 (2): 221-240.

[252] Lynn M L. Organizational Buffering: Managing Boundaries and Cores [J]. Organization Studies, 2005, 26 (1): 37-61.

[253] Lyon T P, Maxwell J W. Corporate Social Responsibility and the Environment: A Theoretical Perspective [J]. Review of Environmental Economics and Policy, 2008, 2 (2): 240-260.

[254] Lyon T P, Maxwell J W. Corporate Social Responsibility and the Environment: A Theoretical Perspective [J]. Review of Environmental Economics and Policy, 2008, 2 (2): 240-260.

[255] Lyu W, Xie X, Han Y. How Business-government Interdependence and Government Salience Influence Corporate Social Responsibility (CSR) Intention in China [C]. 2014 IACMR Conference, Beijing, China, 2014.

[256] Madsen P M, Rodgers Z J. Looking Good by Doing Good: The Antecedents and Consequences of Stakeholder Attention to Corporate Disaster Relief [J]. Strategic Management Journal, 2015, 36 (5): 776-794.

[257] Mair J, Martí I, Ventresca M J. Building Inclusive Markets in Rural Bangladesh: How Intermediaries Work Institutional Voids [J]. Academy of Management Journal, 2012, 55 (4): 819-850.

[258] Mallin C, Michelon G, Raggi D. Monitoring Intensity and Stakeholders' Orientation: How does Governance Affect Social and Environmental Disclosure? [J]. Journal of Business Ethics, 2013, 114 (1): 29-43.

[259] Manev I M, Gyoshev B S, Manolova T S. The Role of Human and Social Capital and Entrepreneurial Orientation for Small Business Performance in a Transitional

Economy [J]. International Journal of Entrepreneurship and Innovation Management, 2005, 5 (3-4): 298-318.

[260] Maon F, Lindgreen A, Swaen V. Thinking of the Organization as a System: The Role of Managerial Perceptions in Developing a Corporate Social Responsibility Strategic Agenda [J]. Systems Research and Behavioral Science: The Official Journal of the International Federation for Systems Research, 2008, 25 (3): 413-426.

[261] Marano V, Kostova T. Unpacking the Institutional Complexity in Adoption of CSR Practices in Multinational Enterprises [J]. Journal of Management Studies, 2016, 53 (1): 28-54.

[262] March J G. Exploration and Exploitation in Organizational Learning [J]. Organization Science, 1991, 2 (1): 71-87.

[263] March J, Simon H. Organization [M]. New York: Wiley, 1958.

[264] Margolis J D, Walsh J P. Misery Loves Companies: Rethinking Social Initiatives by Business [J]. Administrative Science Quarterly, 2003, 48 (2): 268-305.

[265] Marquis C, Glynn M A, Davis GF. Community Isomorphism and Corporate Social Action [J]. Academy of Management Review, 2007, 32 (3): 925-945.

[266] Marquis C, Qian C. Corporate Social Responsibility Reporting in China: Symbol or Substance? [J]. Organization Science, 2013, 25 (1): 127-148.

[267] Martin S L, Javalgi R R G. Entrepreneurial Orientation, Marketing Capabilities and Performance: The Moderating Role of Competitive Intensity on Latin American International New Ventures [J]. Journal of Business Research, 2016, 69 (6): 2040-2051.

[268] Matten D, Moon J. "Implicit" and "Explicit" CSR: A Conceptual Framework for a Comparative Understanding of Corporate Social Responsibility [J]. Academy of Management Review, 2008, 33 (2): 404-424.

[269] Mazurkiewicz P. Corporate Environmental Responsibility: Is a Common CSR Framework Possible [J]. World Bank, 2004 (2): 1-18.

[270] McAllister C P, Ellen III B P, Ferris G R. Social Influence Opportunity Recognition, Evaluation, and Capitalization: Increased Theoretical Specification through Political Skill's Dimensional Dynamics [J]. Journal of Management, 2018, 44 (5): 1926-1952.

[271] McGuire J W. Business and Society [M]. New York: McGraw-Hill, 1963.

[272] Meindl J R, Stubbart C, Porac J F. Cognition within and between Organizations: Five Key Questions [J]. Organization Science, 1994, 5 (3): 289-293.

[273] Mejri K, Umemoto K. Small and Medium-sized Enterprise Internationalization: Towards the Knowledge-based Model [J]. Journal of International Entrepreneurship, 2010, 8 (2): 156-167.

[274] Mellahi K, Frynas J G, Sun P, et al. A Review of the Nonmarket Strategy Literature: Toward a Multi-theoretical Integration [J]. Journal of Management, 2016, 42 (1): 143-173.

[275] Meyer J W, Rowan B. Institutionalized Organizations: Formal Structure as Myth and Ceremony [J]. American Journal of Sociology, 1977, 83 (2): 340-363.

[276] Michaud V. Mediating the Paradoxes of Organizational Governance through Numbers [J]. Organization Studies, 2014, 35 (1): 75-101.

[277] Miles M P, Covin J G. Environmental Marketing: A Source of Reputational, Competitive, and Financial Advantage [J]. Journal of Business Ethics, 2000, 23 (3): 299-311.

[278] Miller K D. Risk and Rationality in Entrepreneurial Processes [J]. Strategic Entrepreneurship Journal, 2007, 1 (1-2): 57-74.

[279] Milliken F J. Perceiving and Interpreting Environmental Change: An Examination of College Administrators' Interpretation of Changing Demographics [J]. Academy of Management Journal, 1990, 33 (1): 42-63.

[280] Mintzberg H. Patterns in Strategy Formation [J]. Management Science, 1978, 24 (9): 934-948.

[281] Miron-Spektor E, Argote L. The Effect of Paradoxical Cognition on Individual and Team Innovation [C]. Academy of Management Proceedings, Briarcliff Manor, NY 10510: Academy of Management, 2008.

[282] Miron-Spektor E, Erez M, Naveh E. The Effect of Conformist and Attentive-to-detail Members on Team Innovation: Reconciling the Innovation Paradox [J]. Academy of Management Journal, 2011, 54 (4): 740-760.

[283] Mitchell R K, Agle B R, Wood D J. Toward a Theory of Stakeholder Identification and Salience: Defining the Principle of Who and What Really Counts

[J]. Academy of Management Review, 1997, 22 (4): 853-886.

[284] Mitra R. "My country's future": A Culture-centered Interrogation of Corporate Social Responsibility in India [J]. Journal of Business Ethics, 2012, 106 (2): 131-147.

[285] Maine E, Soh P-H, Dos Santos N. The Role of Entrepreneurial Decision-making in Opportunity Creation and Recognition [J]. Technovation, 2015 (39): 53-72.

[286] Moon S G, DeLeon P. Contexts and Corporate Voluntary Environmental Behaviors: Examining the EPA's Green Lights Voluntary Program [J]. Organization & Environment, 2007, 20 (4): 480-496.

[287] Muller A, Kolk A. Extrinsic and Intrinsic Drivers of Corporate Social Performance: Evidence from Foreign and Domestic Firms in Mexico [J]. Journal of Management Studies, 2010, 47 (1): 1-26.

[288] Muller A, Kräussl R. Doing Good Deeds in Times of Need: A Strategic Perspective on Corporate Disaster Donations [J]. Strategic Management Journal, 2011, 32 (9): 911-929.

[289] Mumford M D, Costanza D P, Connelly M S, et al. Item Generation Procedures and Background Data Scales: Implications for Construct and Criterion Related Validity [J]. Personnel Psychology, 1996, 49 (2): 361-398.

[290] Murnighan J K, Conlon D E. The Dynamics of Intense Work Groups: A Study of British String Quartets [J]. Administrative Science Quarterly, 1991: 165-186.

[291] Murray J Y, Kotabe M. Sourcing Strategies of US Service Companies: A Modified Transaction-cost Analysis [J]. Strategic Management Journal, 1999, 20 (9): 791-809.

[292] Nadkarni S, Narayanan V K. Strategic Schemas, Strategic Flexibility, and Firm Performance: The Moderating Role of Industry Clockspeed [J]. Strategic Management Journal, 2007, 28 (3): 243-270.

[293] Narayanan V K, Zane L J, Kemmerer B. The Cognitive Perspective in Strategy: An Integrative Review [J]. Journal of Management, 2011, 37 (1): 305-351.

[294] Navis C, Ozbek O V. The Right People in the Wrong Places: The Para-

dox of Entrepreneurial Entry and Successful Opportunity Realization [J]. Academy of Management Review, 2016, 41 (1): 109-129.

[295] Nicolaou N, Shane S, Cherkas L, et al. Opportunity Recognition and the Tendency to Be an Entrepreneur: A Bivariate Genetics Perspective [J]. Organizational Behavior and Human Decision Processes, 2009, 110 (2): 108-117.

[296] Nisbett R E, Peng K, Choi I, et al. Culture and Systems of Thought: Holistic Versus Analytic Cognition [J]. Psychological Review, 2001, 108 (2): 291.

[297] North D C. Institutions, Institutional Change and Economic Performance [M]. New York: Cambridge University Press, 1990.

[298] North D C. Understanding the Process of Economic Change [M]. Princeton: Princeton University Press, 2005.

[299] Nunnally J C, Bernstein I H, Berge J. Psychometric Theory [M]. New York: McGraw-Hill, 1967.

[300] Nutter G W. Monopoly, Bigness, and Progress [J]. Journal of Political Economy, 1956, 64 (6): 520-527.

[301] Nyilasy G, Gangadharbatla H, Paladino A. Perceived Greenwashing: The Interactive Effects of Green Advertising and Corporate Environmental Performance on Consumer Reactions [J]. Journal of Business Ethics, 2014, 125 (4): 693-707.

[302] Ocasio W. Towards an Attention-based View of the Firm [J]. Strategic Management Journal, 1997, 18 (S1): 187-206.

[303] Oikonomou I, Brooks C, Pavelin S. The Financial Effects of Uniform and Mixed Corporate Social Performance [J]. Journal of Management Studies, 2014, 51 (6): 898-925.

[304] Oliver C. Strategic Responses to Institutional Processes [J]. Academy of Management Review, 1991, 16 (1): 145-179.

[305] Onkila T J. Corporate Argumentation for Acceptability: Reflections of Environmental Values and Stakeholder Relations in Corporate Environmental Statements [J]. Journal of Business Ethics, 2009, 87 (2): 285-298.

[306] O' Reilly III C A, Tushman M L. Ambidexterity as a Dynamic Capability: Resolving the Innovator's Dilemma [J]. Research in Organizational Behavior, 2008 (28): 185-206.

［307］Orlikowski W J, Robey D. Information Technology and the Structuring of Organizations ［J］. Information Systems Research, 1991, 2 (2): 143-169.

［308］Orlikowski W J. The Duality of Technology: Rethinking the Concept of Technology in Organizations ［J］. Organization Science, 1992, 3 (3): 398-427.

［309］Ortiz – de – Mandojana N, Aragón – Correa J A, Delgado – Ceballos J, et al. The Effect of Director Interlocks on firms' Adoption of Proactive Environmental Strategies ［J］. Corporate Governance: An International Review, 2012, 20 (2): 164-178.

［310］Ozgen E, Baron R A. Social Sources of Information in Opportunity Recognition: Effects of Mentors, Industry Networks, and Professional Forums ［J］. Journal of Business Venturing, 2007, 22 (2): 174-192.

［311］Palazzo G, Scherer A G. Corporate Legitimacy as Deliberation: A Communicative Framework ［J］. Journal of Business Ethics, 2006, 66 (1): 71-88.

［312］Peng K, Nisbett R E. Culture, Dialectics, and Reasoning about Contradiction ［J］. American Psychologist, 1999, 54 (9): 741.

［313］Peng M W, Heath P S. The Growth of the Firm in Planned Economies in Transition: Institutions, Organizations, and Strategic Choice ［J］. Academy of Management Review, 1996, 21 (2): 492-528.

［314］Peng M W, Sun S L, Pinkham B, et al. The Institution-based View as a Third Leg for a Strategy Tripod ［J］. Academy of Management Perspectives, 2009, 23 (3): 63-81.

［315］Peng M W. Institutional Transitions and Strategic Choices ［J］. Academy of Management Review, 2003, 28 (2): 275-296.

［316］Pentland B T, Hærem T, Hillison D. The Ever-changing World: Stability and Change in Organizational Routines ［J］. Organization Science, 2011, 22 (6): 1369-1383.

［317］Pfeffer J, Salancik G R. The External Control of Organizations: A Resource Dependence Perspective ［M］. Stanford: Stanford University Press, 2003.

［318］Poole M S, Van de Ven A H. Using Paradox to Build Management and Organization Theories ［J］. Academy of Management Review, 1989, 14 (4): 562-578.

［319］Plambeck N, Weber K. CEO Ambivalence and Responses to Strategic Issues [J]. Organization Science, 2009, 20 (6): 993-1010.

[320] Podsakoff P M, MacKenzie S B, Lee J-Y, et al. Common Method Biases in Behavioral Research: A Critical Review of the Literature and Recommended Remedies [J]. Journal of Applied Psychology, 2003, 88 (5): 879.

[321] Podsakoff P M, Organ D W. Self-reports in Organizational Research: Problems and Prospects [J]. Journal of Management, 1986, 12 (4): 531-544.

[322] Porac J F, Thomas H, Baden-Fuller C. Competitive Groups as Cognitive Communities: The Case of Scottish Knitwear Manufacturers [J]. Journal of Management Studies, 1989, 26 (4): 397-416.

[323] Porac J F, Thomas H, Wilson F, et al. Rivalry and the Industry Model of Scottish Knitwear Producers [J]. Administrative Science Quarterly, 1995 (8): 203-227.

[324] Porac J F, Thomas H. Managing Cognition and Strategy: Issues, Trends and Future Directions [M]. London: Sage, 2002.

[325] Porter M E, Van der Linde C. Toward a New Conception of the Environment Competitiveness Relationship [J]. Journal of Economic Perspectives, 1995, 9 (4): 97-118.

[326] Porter M E. Competitive strategy [M]. New York: Free Press, 1980.

[327] Portney P R. The (Not So) New Corporate Social Responsibility: An Empirical Perspective [J]. Review of Environmental Economics and Policy, 2008, 2 (2): 261-275.

[328] Puffer S M, McCarthy D J, Boisot M. Entrepreneurship in Russia and China: The Impact of Formal Institutional Voids [J]. Entrepreneurship Theory and Practice, 2010, 34 (3): 441-467.

[329] Punte S, Repinski P, Gabrielsson S. Improving Energy Efficiency in Asia's Industry [J]. Greener Management International, 2006 (50): 41-51.

[330] Putnam L L, Fairhurst G T, Banghart S. Contradictions, Dialectics, and Paradoxes in Organizations: A Constitutive Approach [J]. The Academy of Management Annals, 2016, 10 (1): 65-171.

[331] Qiu J, Donaldson L, Luo B N. The Benefits of Persisting with Paradigms in Organizational Research [J]. Academy of Management Perspectives, 2012, 26

(1)：93-104.

[332] Rahman N, Post C. Measurement Issues in Environmental Corporate Social Responsibility (ECSR)：Toward a Transparent, Reliable, and Construct Valid Instrument [J]. Journal of Business Ethics, 2012, 105 (3)：307-319.

[333] Raisch S, Birkinshaw J. Organizational Ambidexterity：Antecedents, Outcomes, and Moderators [J]. Journal of Management, 2008, 34 (3)：375-409.

[334] Rajagopalan N, Rasheed A M, Datta D K. Strategic Decision Processes：Critical Review and Future Directions [J]. Journal of Management, 1993, 19 (2)：349-384.

[335] Rajagopalan N, Spreitzer G M. Toward a Theory of Strategic Change：A Multi-lens Perspective and Integrative Framework [J]. Academy of Management Review, 1997, 22 (1)：48-79.

[336] Ramanathan R, Poomkaew B, Nath P. The Impact of Organizational Pressures on Environmental Performance of Firms [J]. Business Ethics：A European Review, 2014, 23 (2)：169-182.

[337] Raufflet E. Mobilizing Business for Post-secondary Education：CIDA University, South Africa [J]. Journal of Business Ethics, 2009, 89 (2)：191-202.

[338] Raza-Ullah T, Bengtsson M, Kock S. The Coopetition Paradox and Tension in Coopetition at Multiple levels [J]. Industrial Marketing Management, 2014, 43 (2)：189-198.

[339] Reger R K, Huff A S. Strategic Groups：A Cognitive Perspective [J]. Strategic Management Journal, 1993, 14 (2)：103-123.

[340] Robertson D C. Corporate Social Responsibility and Different Stages of Economic Development：Singapore, Turkey, and Ethiopia [J]. Journal of Business Ethics, 2009, 88 (4)：617-633.

[341] Rosenbloom R S, Christensen C M. Technological Discontinuties, Organizational Capabilities, and Strategic Commitments [J]. Industrial and Corporate Change, 1994, 3 (3)：655-685.

[342] Rosso B D. Creativity and Constraints：Exploring the Role of Constraints in the Creative Processes of Research and Development Teams [J]. Organization Studies, 2014, 35 (4)：551-585.

[343] Rothenberg A. Einstein's Creative Thinking and the General Theory of Relativity: A Documented Report [J]. The American journal of psychiatry, 1979, 136 (1): 38-43.

[344] Rouleau L. Micro - practices of Strategic Sensemaking and Sensegiving: How Middle Managers Interpret and Sell Change Every Day [J]. Journal of Management Studies, 2005, 42 (7): 1413-1441.

[345] Roy A, Vyas V, Jain P. SMEs Motivation: Corporate Social Responsibility [J]. SCMS Journal of Indian Management, 2013, 10 (1): 11-21.

[346] Saemundsson R J, Holmén M. Yes, Now We Can: Technological Change and the Exploitation of Entrepreneurial Opportunities [J]. The Journal of High Technology Management Research, 2011, 22 (2): 102-113.

[347] Sambasivan M, Abdul M, Yusop Y. Impact of Personal Qualities and Management Skills of Entrepreneurs on Venture Performance in Malaysia: Opportunity Recognition Skills as a Mediating Factor [J]. Technovation, 2009, 29 (11): 798-805.

[348] Sarason Y, Dean T, Dillard J F. Entrepreneurship as the Nexus of Individual and Opportunity: A Structuration View [J]. Journal of Business Venturing, 2006, 21 (3): 286-305.

[349] Sarasvathy S D, Dew N, Velamuri S R, et al. Three Views of Entrepreneurial Opportunity [M]//ACS Z J, Audretsch D B. Handbook of Entreneurship Reasearch. Boston: Springer, 2003.

[350] Schad J, Lewis M W, Raisch S, et al. Paradox Research in Management Science: Looking Back to Move Forward [J]. The Academy of Management Annals, 2016, 10 (1): 5-64.

[351] Scherer A G, Palazzo G, Seidl D. Managing Legitimacy in Complex and Heterogeneous Environments: Sustainable Development in a Globalized World [J]. Journal of Management Studies, 2013, 50 (2): 259-284.

[352] Schneider K J. The Paradoxical Self: Toward an Understanding of Our Contradictory Nature [M]. New York: Insight Books/Plenum Press, 1990.

[353] Schreyögg G, Sydow J. Crossroads—organizing for Fluidity? Dilemmas of New Organizational forms [J]. Organization Science, 2010, 21 (6): 1251-1262.

[354] Schuler D A, Cording M. A Corporate Social Performance-corporate Financial Performance Behavioral Model for Consumers [J]. Academy of Management Review, 2006, 31 (3): 540-558.

[355] Schumpeter J A. Capitalism, Socialism and Democracy [M]. New York: Norton, 1976.

[356] Schumpeter J A. Change and the Entrepreneur [J]. Essays of JA Schumpeter, 1934 (7): 145-148.

[357] Schwenk C R. The Cognitive Perspective on Strategic Decision Making [J]. Journal of Management Studies, 1988, 25 (1): 41-55.

[358] Shaaeldin E E, Yakkop M, Rizal M, et al. Corporate Social Responsibility, a Recovery Scheme in Peripheries: The Petronas and Cnpc Enterprises in Sudan [J]. Journal of Academic Research in Economics, 2013, 5 (1): 97-104.

[359] Shah K U. Strategic Organizational Drivers of Corporate Environmental Responsibility in the Caribbean Hotel Industry [J]. Policy Sciences, 2011, 44 (4): 321-344.

[360] Shane S A. A General Theory of Entrepreneurship: The Individual-opportunity Nexus [M]. London: Edward Elgar Publishing, 2003.

[361] Shane S, Nicolaou N, Cherkas L, et al. Do Openness to Experience and Recognizing Opportunities Have the Same Genetic Source? [J]. The University of Michigan and in Alliance with the Society of Human Resources Management, 2010, 49 (2): 291-303.

[362] Shane S, Venkataraman S. The Promise of Entrepreneurship as a Field of Research [J]. Academy of Management Review, 2000, 25 (1): 217-226.

[363] Shane S. Technological Opportunities and New Firm Creation [J]. Management Science, 2001, 47 (2): 205-220.

[364] Sharma A, Kesner I F. Diversifying Entry: Some Ex ante Explanations for Postentry Survival and Growth [J]. Academy of Management Journal, 1996, 39 (3): 635-677.

[365] Sharma S. Corporate Social Responsibility in India [J]. Indian Journal of Industrial Relations, 2011 (6): 637-649.

[366] Sheng S, Zhou K Z, Lessassy L. NPD Speed vs. Innovativeness: The

Contingent Impact of Institutional and Market Environments [J]. Journal of Business Research, 2013, 66 (11): 2355-2362.

[367] Shu C, Zhou K Z, Xiao Y, et al. How Green Management Influences Product Innovation in China: The Role of Institutional Benefits [J]. Journal of Business Ethics, 2016, 133 (3): 471-485.

[368] Silvestre B S. Sustainable Supply Chain Management in Emerging Economies: Environmental Turbulence, Institutional Voids and Sustainability Trajectories [J]. International Journal of Production Economics, 2015 (167): 156-169.

[369] Simon H A, Barnard CI. Administrative Behavior: A Study of Decision-making Processes in Administrative Organization [M] . New York: Free Press, 1947.

[370] Singh R P. A Comment on Developing the Field of Entrepreneurship Through the Study of Opportunity Recognition and Exploitation [J]. Academy of Management Review, 2001, 26 (1): 10-12.

[371] Smith B R, Matthews C H, Schenkel M T. Differences in Entrepreneurial Opportunities: The Role of Tacitness and Codification in Opportunity Identification [J]. Journal of Small Business Management, 2009, 47 (1): 38-57.

[372] Smith D B. Corporate Social Responsibility: Exploring the Role of Institutional Antecedents, Consumer Reactions and Enterpreneurial Social Opportunity Selection [D]. Washington: Washington State University, 2013.

[373] Smith K K, Berg D N. Paradoxes of Group Life: Understanding Conflict, Paralysis, and Movement in Group Dynamics [M]. San Francisco, CA, US: Jossey-Bass, 1987.

[374] Smith W K, Besharov M L, Wessels A K, et al. A Paradoxical Leadership Model for Social Entrepreneurs: Challenges, Leadership Skills, and Pedagogical Tools for Managing Social and Commercial Demands [J]. Academy of Management Learning & Education, 2012, 11 (3): 463-478.

[375] Smith W K, Gonin M, Besharov ML. Managing Social-business Tensions: A Review and Research Agenda for Social Enterprise [J]. Business Ethics Quarterly, 2013, 23 (3): 407-442.

[376] Smith W K, Lewis M W. Toward a Theory of Paradox: A Dynamic Equilibrium Model of Organizing [J]. Academy of Management Review, 2011, 36 (2):

381-403.

[377] Smith W K, Tushman M L. Managing Strategic Contradictions: A Top Management Model for Managing Innovation Streams [J]. Organization Science, 2005, 16 (5): 522-536.

[378] Smith W K. Dynamic Decision Making: A Model of Senior Leaders Managing Strategic Paradoxes [J]. Academy of Management Journal, 2014, 57 (6): 1592-1623.

[379] Sobel M E. Asymptotic Confidence Intervals for Indirect Effects in Structural Equation Models [J]. Sociological Methodology, 1982 (13): 290-312.

[380] Soskice D W, Hall P A. Varieties of Capitalism: The Institutional Foundations of Comparative Advantage [M]. Oxford: Oxford University Press, 2001.

[381] Stubbart C I. Managerial Cognition: A Missing Link in Strategic Management Research [J]. Journal of Management Studies, 1989, 26 (4): 325-347.

[382] Suchman M C. Managing Legitimacy: Strategic and Institutional Approaches [J]. Academy of Management Review, 1995, 20 (3): 571-610.

[383] Sumathi K, Anuradha T, Akash S. Green Business as a Sustainable Career for Women Entrepreneurs in IndiaAn Opinion Survey [J]. Advances in Management, 2014, 7 (5): 46.

[384] Sundaramurthy C, Lewis M. Control and Collaboration: Paradoxes of Governance [J]. Academy of Management Review, 2003, 28 (3): 397-415.

[385] Sutcliffe K M. What Executives Notice: Accurate Perceptions in Top Management Teams [J]. Academy of Management Journal, 1994, 37 (5): 1360-1378.

[386] Su W, Peng M W, Tan W, et al. The Signaling Effect of Corporate Social Responsibility in Emerging Economies [J]. Journal of Business Ethics, 2016, 134 (3): 479-491.

[387] Tang J. How Entrepreneurs Discover Opportunities in China: An Institutional View [J]. Asia Pacific Journal of Management, 2010, 27 (3): 461-479.

[388] Tang Y, Qian C, Chen G, et al. How CEO Hubris Affects Corporate Social Responsibility [J]. Strategic Management Journal, 2015, 36 (9): 1338-1357.

[389] Teece D J, Pisano G, Shuen A. Dynamic Capabilities and Strategic Management [J]. Strategic Management Journal, 1997, 18 (7): 509-533.

[390] Tihanyi L, Johnson R A, Hoskisson R E, et al. Institutional Ownership Differences and International Diversification: The Effects of Boards of Directors and Technological Opportunity [J]. Academy of Management Journal, 2003, 46 (2): 195-211.

[391] Tominc P, Rebernik M. Growth Aspirations and Cultural Support for Entrepreneurship: A Comparison of Post-socialist Countries [J]. Small Business Economics, 2007, 28 (2-3): 239-255.

[392] Trumpp C, Endrikat J, Zopf C, et al. Definition, Conceptualization, and Measurement of Corporate Environmental Performance: A Critical Examination of a Multidimensional Construct [J]. Journal of Business Ethics, 2015, 126 (2): 185-204.

[393] Tumasjan A, Braun R. In the Eye of the Beholder: How Regulatory Focus and Self-efficacy Interact in Influencing Opportunity Recognition [J]. Journal of Business Venturing, 2012, 27 (6): 622-636.

[394] Tushman M L, Romanelli E. Organizational Evolution: A Metamorphosis Model of Convergence and Reorientation [J]. Research in Organizational Behavior, 1985 (7): 171-222.

[395] Tushman M L, Smith W. Organizational Technology [J]. Companion to Organizations, 2002 (386): 414.

[396] Vaghely I P, Julien P A. Are Opportunities Recognized or Constructed?: An Information Perspective on Entrepreneurial Opportunity Identification [J]. Journal of Business Venturing, 2010, 25 (1): 73-86.

[397] Van Der Vegt G S, Bunderson J S. Learning and Performance in Multidisciplinary Teams: The Importance of Collective Team Identification [J]. Academy of Management Journal, 2005, 48 (3): 532-547.

[398] Van Knippenberg D, Sitkin S B. A Critical Assessment of Charismatic—transformational Leadership Research: Back to the Drawing Board? [J]. The Academy of Management Annals, 2013, 7 (1): 1-60.

[399] Vilanova M, Lozano J M, Arenas D. Exploring the Nature of the Relationship Between CSR and Competitiveness [J]. Journal of Business Ethics, 2009, 87 (1): 57-69.

［400］ Walsh J P. Managerial and Organizational Cognition: Notes from a Trip down Memory Lane ［J］. Organization Science, 1995, 6 (3): 280-321.

［401］ Wang H, Choi J. A New Look at the Corporate Social-financial Performance Relationship: The Moderating Roles of Temporal and Interdomain Consistency in Corporate Social Performance ［J］. Journal of Management, 2013, 39 (2): 416-441.

［402］ Wang H, Qian C. Corporate Philanthropy and Corporate Financial Performance: The Roles of Stakeholder Response and Political Access ［J］. Academy of Management Journal, 2011, 54 (6): 1159-1181.

［403］ Wang L, Juslin H. The Impact of Chinese Culture on Corporate Social Responsibility: The Harmony Approach ［J］. Journal of Business Ethics, 2009, 88 (3): 433-451.

［404］ Wang R, Wijen F, Heugens P P. Government's Green Grip: Multifaceted State Influence on Corporate Environmental Actions in China ［J］. Strategic Management Journal, 2018, 39 (2): 403-428.

［405］ Wang S, Gao Y, Hodgkinson G P, et al. Opening the Black Box of CSR Decision Making: A Policy-capturing Study of Charitable Donation Decisions in China ［J］. Journal of Business Ethics, 2015, 128 (3): 665-683.

［406］ Wang T, Bansal P. Social Responsibility in New Ventures: Profiting from a Long-term Orientation ［J］. Strategic Management Journal, 2012, 33 (10): 1135-1153.

［407］ Wang Y L, Ellinger A D, Jim Wu Y C. Entrepreneurial Opportunity Recognition: An Empirical Study of R&D Personnel ［J］. Management Decision, 2013, 51 (2): 248-266.

［408］ Ward T B. Cognition, Creativity, and Entrepreneurship ［J］. Journal of Business Venturing, 2004, 19 (2): 173-188.

［409］ Wareham J, Fox P B, Cano Giner J L. Technology Ecosystem Governance ［J］. Organization Science, 2014, 25 (4): 1195-1215.

［410］ Watzlawick P, Weakland J H, Fisch R. Change: Principles of Problem Formation and Problem Resolution ［M］. New York: WW Norton & Company, 1974.

［411］ Weaver G R, Trevino L K, Cochran P L. Integrated and Decoupled Corporate Social Performance: Management Commitments, External Pressures, and Cor-

porate Ethics Practices [J]. Academy of Management Journal, 1999, 42 (5):
539-552.

[412] Webb J W, Ireland R D, Hitt M A, et al. Where is the Opportunity without the Customer? An Integration of Marketing Activities, the Entrepreneurship Process, and Institutional Theory [J]. Journal of the Academy of Marketing Science, 2011, 39 (4): 537-554.

[413] Weick K E. Sensemaking in Organizations [M]. London: Sage, 1995.

[414] Wei Z, Shen H, Zhou K Z, et al. How does Environmental Corporate Social Responsibility Matter in a Dysfunctional Institutional Environment? Evidence from China [J]. Journal of Business Ethics, 2017, 140 (2): 209-223.

[415] Welpe I M, Spörrle M, Grichnik D, et al. Emotions and Opportunities: The Interplay of Opportunity Evaluation, Fear, Joy, and Anger as Antecedent of Entrepreneurial Exploitation [J]. Entrepreneurship Theory and Practice, 2012, 36 (1): 69-96.

[416] Weterings A, Koster S. Inheriting Knowledge and Sustaining Relationships: What Stimulates the Innovative Performance of Small Software Firms in the Netherlands? [J]. Research Policy, 2007, 36 (3): 320-335.

[417] Wihler A, Blickle G, Ellen III BP, et al. Personal Initiative and Job Performance Evaluations: Role of Political Skill in Opportunity Recognition and Capitalization [J]. Journal of Management, 2017, 43 (5): 1388-1420.

[418] Williamson D, Lynch-Wood G, Ramsay J. Drivers of Environmental Behaviour in Manufacturing SMEs and the Implications for CSR [J]. Journal of Business Ethics, 2006, 67 (3): 317-330.

[419] Williamson O E. The Economic Intstitutions of Capitalism [M]. New York: Free Press, 1985.

[420] Wood G, Dibben P, Ogden S. Comparative Capitalism without Capitalism, and Production without Workers: The Limits and Possibilities of Contemporary Institutional Analysis [J]. International Journal of Management Reviews, 2014, 16 (4): 384-396.

[421] Woodward J. Industrial Organization: Theory and Practice [M]. Oxford: Oxford University Press, 1965.

[422] Wu L-Z, Kwan H K, Yim FH-k, et al. CEO Ethical Leadership and Corporate Social Responsibility: A Moderated Mediation Model [J]. Journal of Business Ethics, 2015, 130 (4): 819-831.

[423] Yang D, Wang A X, Zhou K Z, et al. Environmental Strategy, Institutional Force, and Innovation Capability: A Managerial Cognition Perspective [J]. Journal of Business Ethics, 2018 (7): 1-15.

[424] Yeaple S R. A Simple Model of Firm Heterogeneity, International Trade, and Wages [J]. Journal of International Economics, 2005, 65 (1): 1-20.

[425] Young S L, Makhija M V. Firms' Corporate Social Responsibility Behavior: An Integration of Institutional and Profit Maximization Approaches [J]. Journal of International Business Studies, 2014, 45 (6): 670-698.

[426] Young W, Tilley F. Can Businesses Move Beyond Efficiency? The Shift toward Effectiveness and Equity in the Corporate Sustainability Debate [J]. Business Strategy and the Environment, 2006, 15 (6): 402-415.

[427] Zahra S A, Covin J G. Contextual Influences on the Corporate Entrepreneurship Performance Relationship: A Longitudinal Analysis [J]. Journal of Business Venturing, 1995, 10 (1): 43-58.

[428] Zhang Q, Zhou K Z. Governing Interfirm Knowledge Transfer in the Chinese Market: The Interplay of Formal and Informal Mechanisms [J]. Industrial Marketing Management, 2013, 42 (5): 783-791.

[429] Zhang R, Zhu J, Yue H, et al. Corporate Philanthropic Giving, Advertising Intensity, and Industry Competition Level [J]. Journal of Business Ethics, 2010, 94 (1): 39-52.

[430] Zhang Y, Han Y L. Paradoxical Leader Behavior in Corporate Sustainability Management: Antecedents and Consequences [J]. Academy of Management Proceedings, 2017 (1): 249.

[431] Zhang Y, Waldman D A, Han Y L, et al. Paradoxical Leader Behaviors in People Management: Antecedents and consequences [J]. Academy of Management Journal, 2015, 58 (2): 538-566.

[432] Zheng Q, Luo Y, Wang SL. Moral Degradation, Business Ethics, And Corporate Social Responsibility in a Transitional Economy [J]. Journal of Business Eth-

ics，2014，120（3）：405-421.

［433］Zheng W，Singh K，Mitchell W. Buffering and Enabling：The Impact of Interlocking Political Ties on Firm Survival and Sales Growth ［J］. Strategic Management Journal，2015，36（11）：1615-1636.

［434］Zhou K Z，Poppo L. Exchange Hazards，Relational Reliability，and Contracts in China：The Contingent Role of Legal Enforceability ［J］. Journal of International Business Studies，2010，41（5）：861-881.

［435］Zhou K Z，Zhang Q，Sheng S，et al. Are Relational Ties Always Good for Knowledge Acquisition? Buyer-supplier Exchanges in China ［J］. Journal of Operations Management，2014，32（3）：88-98.

［436］崔祥民，杨东涛. 生态价值观、政策感知与绿色创业意向关系 ［J］. 中国科技论坛，2015（6）：124-129.

［437］范培华. 企业绿色实践与社会关系：竞争强度与恶性竞争的调节作用研究 ［D］. 西安交通大学，2015.

［438］付正茂. 悖论式领导对双元创新能力的影响：知识共享的中介作用 ［J］. 兰州财经大学学报，2017，33（1）：11-20.

［439］贺立龙，朱方明，陈中伟. 企业环境责任界定与测评：环境资源配置的视角 ［J］. 管理世界，2014（3）：180-181.

［440］李西垚. 企业战略柔性与社会关系对双元创新的影响研究 ［D］. 西安交通大学，2011.

［441］刘善堂，刘洪. 复杂环境中悖论式领导的应对能力研究 ［J］. 现代管理科学，2015（10）：13-15.

［442］刘锡良，文书洋. 中国的金融机构应当承担环境责任吗?：基本事实、理论模型与实证检验 ［J］. 经济研究，2019，54（3）：38-54.

［443］罗瑾琏，胡文安，钟竞. 悖论式领导、团队活力对团队创新的影响机制研究 ［J］. 管理评论，2017，29（7）：122-134.

［444］庞大龙，徐立国，席酉民. 悖论管理的思想溯源、特征启示与未来前景 ［J］. 管理学报，2017，14（2）：168-175.

［445］沈灏，魏泽龙，苏中锋. 绿色管理研究前沿探析与未来展望 ［J］. 外国经济与管理，2010，32（11）：18-25.

［446］魏泽龙，宋茜，权一鸣. 开放学习与商业模式创新：竞争环境的调节

作用［J］. 管理评论，2017，29（12）：27-38.

［447］吴明隆. SPSS 统计应用实录［M］. 北京：中国铁道出版社，2000.

［448］张红，葛宝山. 创业机会识别研究现状述评及整合模型构建［J］. 外国经济与管理，2014，36（4）：15-24.

附　录

企业环境责任研究框架的代表性文献

研究文献	研究关注点	理论视角	主要发现
Agan 等（2016）	结果变量 中介变量	供应链管理理论 利益相关者理论	企业环境责任通过促进环境供应商发展正向影响企业财务绩效和竞争力
Babiak 和 Trendafilova（2011）	前因变量	制度理论	企业环境管理的动机包括战略动机和合法性动机，而战略动机的作用更大
Barnea 和 Rubin（2010）	前因变量	利益相关者理论	内部人持股和企业环境责任之间存在负相关关系；偿债义务与企业环境责任之间存在负相关关系
Brammer 和 Millington（2008）	结果变量	新古典经济理论 利益相关者理论	企业环境绩效和企业财务绩效之间呈正"U"形关系
Cai 等（2016）	结果变量	利益相关者理论	企业环境管理有利于降低企业运营风险
Campopiano 和 Massis（2014）	前因变量	制度理论	与非家族企业相比，家族企业的企业环境责任报告种类较多，多数不符合企业环境责任标准，其强调不同的企业环境责任主题
Cheng 等（2014）	结果变量	代理理论 利益相关者理论	企业环境责任带来更有效的利益相关者参与，降低了代理成本和收益潜力；企业环境责任信息披露实践和透明度的提升，降低了信息不对称；因此均有利于降低资金约束
Chin 等（2013）	前因变量 调节变量	制度理论	和保守主义 CEO 相比，自由主义 CEO 在企业环境责任方面表现更为突出，且权利越大，上述关系越明显；CEO 偏自由主义时，绩效对企业环境责任影响不显著；CEO 偏保守主义时，绩效对企业环境责任影响为正
Dou 等（2017）	前因变量 调节作用	战略参照点理论 组织认同理论 社会情感财富保值视角	家庭所有制和积极的环境战略之间的正向关系中，长期导向发挥着中介作用，承诺发挥着正向调节作用

研究文献	研究关注点	理论视角	主要发现
Flammer（2013）	结果变量	资源依赖理论	随着时间的推移，股市对生态有害行为的负面反应有所增加，而对环保举措的正面反应有所减少
Flammer（2015）	结果变量	利益相关者理论	以微弱优势通过的企业环境责任提案可以带来积极的公告收益和更优的经济效益
Flammer（2017）	结果变量	利益相关者理论	企业环境责任可以作为一种战略管理工具，促进员工积极性，减缓员工不良行为
Ghoul 等（2016）	结果变量	利益相关者理论	企业环境责任的投资降低了企业的股权融资成本
Hamann 等（2017）	前因变量	制度理论	企业环境响应性的三类动机为：竞争力（由于降低能源和材料消耗而节约成本、由于绿色消费者的期望而改善市场准入）、合法性（政府法律法规、私人监管、社会规范）、责任（管理者个人信念和管理意识），而管理者环境责任的作用最显著
Helmig 等（2016）	前因变量 结果变量 调节变量	制度理论 利益相关者理论 资源依赖理论	主要利益相关者压力正向影响企业环境责任实施；次要利益相关者压力正向影响主要利益相关者压力和企业环境责任实施；竞争企业环境责任实施压力正向影响主要利益相关者压力和企业环境责任实施；市场动态性正向调节企业环境责任实施和市场绩效的关系
Hou 等（2016）	结果变量 调节变量	制度理论 利益相关者理论 信号理论	企业社会责任正向促进财务绩效的提升；企业环境责任对财务绩效的影响大于企业社会责任对财务绩效的影响；企业社会责任实践对经营绩效的影响大于财务绩效；企业社会责任和绩效之间的关系受到经济发展状况、企业规模、组织形式、测量方法的调节作用
Jia 和 Zhang（2013）	前因变量 调节变量	制度理论 高阶理论	那些在政府高层保持政治立场的 CEO 所在的公司比没有政治立场的 CEO 所在的公司的企业环境责任表现更好；且 CEO 政治背景与企业环境责任之间的关系受到政府所有权的负向调节，受到财务状况和投票集中度的正向调节
Jo 等（2014）	结果变量	利益相关者理论	通过有效的企业环境责任投资，管理者可以降低环境成本，提高运营效率
Kim 等（2017）	前因变量 结果变量	制度理论	企业环境责任与管理所有权呈倒"U"形关系
Lee 等（2018）	前因变量	社会期望理论 利益相关者理论 资源依赖理论	社会期望、组织支持和利益相关者压力是实施企业环境责任行为的重要因素

研究文献	研究关注点	理论视角	主要发现
Lyu 等（2014）	前因变量 调节变量	资源依赖理论 利益相关者理论	企业与地方政府的相互依赖关系影响企业环境责任活动的意愿；地方政府债权的紧迫性和政府相对于其他利益相关者的显著性可以调节上述关系
Nyilasy（2014）	结果变量 调节变量	归因理论	企业环境绩效越低，品牌态度越差，绿色广告的出现（相对于企业广告或没有广告）会增强低绩效对品牌态度的负面影响；企业环境绩效越低，购买意愿越弱，绿色广告的出现（相对于企业广告或没有广告）会增强低绩效对购买意愿的负面影响
Post 等（2011）	前因变量	利益相关者理论	外部董事比例越高，企业环境责任表现越好；由三名或以上女性董事组成的董事会的企业环境责任表现显著
Roeck 和 Delobbe（2012）	结果变量 调节变量	组织认同理论	感知企业环境责任与员工组织认同呈正相关关系，而且组织信任在上述关系中起中介作用；而感知企业环境责任和组织信任之间的关系受到员工环境责任的调节
Setthasakko（2009）	前因变量	制度理论 代理理论	冷冻海鲜加工公司的企业环境责任的三个主要障碍包括缺乏对海鲜可持续性的系统视角、缺乏最高管理层的承诺和文化多样性
Shu 等（2016）	结果变量 中介作用	制度理论	绿色管理有利于促进企业突破性的产品创新，而且政府支持和社会合法性分别作为正式的制度和非正式的制度，在绿色管理和突破性产品创新之间的关系中起中介作用
Walter 等（2011）	前因变量	制度理论	加勒比地区酒店的企业环境责任受到以下因素的正向影响：酒店宣布环境政策、定位生态游客目标、属于外资或跨国集团、财务绩效良好
Wang 等（2018）	前因变量	制度理论	行政距离和企业环境行为之间呈倒"U"形关系；且上述关系受到环境监管严格性的正向调节和环境监测能力的负向调节